The Joy of SET:
The Many Mathematical Dimensions of
a Seemingly Simple Card Game

보드게임 SET에 담긴
수학 1

Liz McMahon · Gary Gordon
Hannah Gordon · Rebecca Gordon 지음

조진석 옮김

경문사

서문

우리는 보드게임 SET을 사랑한다. 이 게임은 쉽고 배우기 쉬우며, 어린 아동들이 높은 수준으로 게임을 할 수 있는데, 어른들에게도 재미있고 도전적이다. 정말로 이 책의 저자들이 단언컨대, 어린이들이 어른들보다 빠르고 정확하게 SET을 찾을 수 있으며, 어린이들이 계속 게임에서 어른들을 이길 수도 있다. 이 게임은 초등학교 수준의 보조 자료로부터 대학교 수학 동아리 수준까지 널리 알려졌다. 그 근원에는 이 게임이 패턴 인식과 매칭에 관한 것이라는 사실이 있다. 이 간단한 관찰이 이 게임을 수학과 연결 짓는데, 앞으로 우리가 살펴보듯이 이 수학이 상당히 깊은 수준으로 나아간다.

SET은 지난 25년간 가장 널리 알려진 게임 중 하나이다. 1991년에 나온 이후로 지속적으로 독보적인 교육용 게임으로 인정받고 있으며, SET을 개발한 회사의 홈페이지에는 지난 20년 이상 동안 최소한 37개의 상을 받았다고 홍보하고 있다.

이 게임은 또한 수학자들의 관심을 끌었다. 게임과 관련하여 다양한 수준에서 수많은 종류의 자료들이 만들어졌다. 그 자료 중에는 학교 수업에서 SET을 사용하는 연구나 교육학적인 논문들도 있었고, 기하학이나 추상대수학, 선형대수학, 조합론과 관련된 프로젝트도 있었다. 이 게임을 할 때는 여러 개의 수학적인 질문들이 자연스럽게 떠오르는데, 인터넷에서 다양한 형태로 제시되고 있으며, 종종 상반되는 주장을 펼치기도 한다.

우리는 왜 이 책을 썼는가?

다시 말하지만 우리는 SET을 사랑한다. 우리는 수년간 가족들끼리, 친구들끼리 이 게임을 즐겨왔다. 우리는 다양한 사람들에게 이 게임을 소개하였고, 수업 시간이나 세미나, 학회에서 이 책이 다루고 있는 내용 일부를 이야기하였다. 청중들은 열광적인 반응을 보였는데, 우리들은 이 게임이 모든 대중에게 흥미를 끌 것이라 믿고 있다.

교사이자 교수로서 우리는 고등학교나 대학 수학 수업, 특별히 대학의 수학 전공과목인 기하학이나 조합론 시간에 학생들의 흥미를 끌기 위해 SET에 관련된 몇 가지 주제를 소개하였다. 사람들은 이 게임을 사랑하였고, SET은 학생들의 관심을 끄는 멋진 도구가 되었다. 학생들이 SET을 하는 동안 학생들은 "적절한" 질문들을 던지기 시작하였고, 수학과 게임을 동시에 더 많이 배우게 되었다.

우리의 목표 중 하나는 사람들로 하여금 이 게임의 수학적 접근이 큰 보상을 줄 수 있다는 사실을 이해시키는 것이다. 이것은 두 가지 의미가 있는데, 수학을 아는 것이 이 게임을 이해하는 데에 도움이 되고, SET을 하는 것이 수학에 대한 여러분의 이해를 증진시킨다는 것이다. 그뿐만 아니라, 인터넷이나 논문에 여러 가지 자료가 있기는 하지만, 이 책은 SET과 관련된 수학을 전체적으로 다루는 첫 번째 책이기도 하다.

우리의 또 다른 목표는 사람들에게 수학이 어디에나 있음을 이해시키는 것이다. 만일 당신이 잘 살펴본다면, 당신은 수학이 세상을 이해하는 데에 도움이 된다는 사실을 알게 될 것이다. 수학은 근본적으로는 패턴에 관한 것이고, 패턴은 항상 우리 주변에 있다. 거의 모든 사람이 수학을 할 수 있고, 거의 모든 사람이 읽고 쓸 수 있다. 우리는 당신이 이 책을 열심히 읽어서, 당신의 수학적 지식이 어느 정도이든지 상관없이, 당신 스스로를 "수학 애호가"라고 자신 있게 생각할 수 있게 되기를 희망한다.

보드게임 SET

보드게임 SET은 특별한 카드 묶음으로 이루어져 있다. 각각의 카드는 다음 네 가지 속성을 가지는 기호들을 가지고 있다.

- 개수 : 1, 2, 3
- 색깔 : 빨강, 초록, 보라

- 무늬 : 빈 무늬, 줄무늬, 속이 찬 무늬
- 모양 : 둥근 모양, 꿈틀이, 다이아몬드

처음 시작할 때는 12장의 카드를 테이블 위에 기호가 위에 오도록 올려놓는다. 세 장의 카드는 네 가지 속성 각각이 모두 일치하던지, 모두 다르면 SET을 이룬다고 한다. 게임 참가자들은 카드를 살펴보고, 처음 SET을 발견한 사람은 "SET"이라 외친 후 그 카드들을 가져간 후, 빈칸에 새로운 카드들을 놓는다. SET을 가장 많이 가져간 사람이 게임의 승자가 된다.

저자들은 모듈로 연산(modular arithmetic)을 이용하여 변형된 버전의 게임을 하나 만들었다. "마지막 카드 게임(the End Game)"은 게임을 시작하기 전에 한 장의 카드를 숨기고 게임을 시작한다.

게임이 끝날 때, 즉 더 이상 SET을 찾을 수 없게 되었을 때, 남아있는 카드들로부터 숨긴 카드가 무엇이었는지를 결정할 수 있다. 이 게임의 목적은 숨긴 카드가 무엇인지를 알아내고, 숨긴 카드가 남아있는 카드 중 2장과 함께 SET을 이룰 수 있는지를 판단하는 것이다. 이 게임은 어떻게 수학이 이 게임에 대한 흥미를 높여줄 수 있는지를 보여준다.

이 책은 누구를 위해 쓰여졌는가?

우리는 이 책을 게임에 깊은 호기심을 가진 모든 이들을 위해 썼다. 책의 설명과 연습문제와 프로젝트들이 독자들로 하여금 이 게임의 아름다움과 수학의 많은 분야와의 놀라운 연결성을 이해할 수 있게 도와주기를 바란다. 이 책을 읽기 위한 사전지식은 이 게임에 대한 흥미 뿐[1]이지만, 수학에 대한 건강한 호기심 또한 해롭지 않다.

---

[1] 사실 당신이 이 게임에 대해 아직 잘 모른다면, 당신이 이 게임에 흠뻑 빠져들 수 있도록 우리가 도울 것이다.

그리고 가족 구성원이 저자가 되어 이 책을 쓰는 과정은 우리 모두에게 의미가 있었다. 우리는 우리 가족을 위해 이 책을 썼다.

이 책의 1권은 이 게임의 수학적 측면에 관심이 있는 모두를 위해 쓰여졌다. 우리는 독자가 특별한 수학적 훈련을 받았다고 가정하지 않았다. 그렇기 때문에 일반적인 수학책이 가진 틀인 정의-정리-증명 순서를 따르지 않았다.[2] 대신 우리는 동기를 유발하는 질문과 예시들을 통해 주제를 설명하였다. 종종 일반적인 정리를 소개하기도 하였는데, 직관적인 설명과 예를 통해 이를 정당화하기도 하였다.

이 책의 2권은 더 발전된 주제와 1권에서 다루었던 주제들을 다시 다루었다. 2권의 내용도 모두가 읽을 만하기를 기대하지만, 때로는 약간의 추가적인 배경지식이 내용을 이해하는 데 도움이 될 것이다.

이 책의 특징

1장에서는 이 책의 나머지 장에서 탐구할 메인 아이디어를 소개한다. 많은 질문이 제기될 것이고 그중에서 아주 일부에만 답이 주어질 것이다. 우리는 독자들이 질문을 읽은 후에 SET을 꺼내 게임을 해보면서 그 질문에 대해 생각해 보기를 권한다. 수식이 포함된 책은 반드시 능동적으로 읽어야 한다. 모든 학술적인 책[3]이 그렇듯이 당신이 투자한 만큼 얻어갈 수 있다. 이러한 이유로 SET 카드를 꺼내서 한 두 게임을 혼자서라도 직접 해보며 잠시 쉬어가는 시간을 자주 가졌으면 한다. (우리는 책을 쓰는 동안 실제로 그렇게 했고, 당연하게도 책의 질문들을 구성할 때 이로부터 영감을 받았다.)

2장부터 5장에서는 1장에서 제기된 질문들에 대한 대부분의 답

---

[2] 가끔은 어쩔 수 없이 이 틀을 따르기도 했다. 증명이란 충분히 준비되었다면 정말로 멋진 일이기 때문이다.
[3] 비학술적인 책도 마찬가지이다.

서문

이 제시된다. 반드시 순서대로 읽어야 한다. 매 장에서는 다음 장들에서 사용될 개념이 소개되기 때문이다. 2권의 대부분의 장은 독립적으로 읽어도 된다. 예를 들면 기하학에 대한 장을 읽기 전에 조합론에 대한 장을 반드시 읽어야 하는 것은 아니다.

이 책의 각 장에는 연습문제가 있고, 대부분 장에는 프로젝트가 있다. 이들은 흥미를 가진 독자나 교사나 학급이 더 깊은 결과들을 얻을 수 있도록 이끄는 역할을 한다. 저자들은 이러한 프로젝트들을 만들고 이끌어 본 경험을 가지고 있는데, 간단한 것(고등학교 학생들을 위한 과제)부터 심화한 것(대학생을 위한 8주 여름 연구 프로젝트)까지 다양하게 해보았다. 독자들에게 도움이 되도록 책 끝에는 연습문제에 대한 아주 간단한 답을 넣었다.

더 하고 싶은 말

저자들은 이 책을 쓰는 것이 정말로 즐거웠다. 우리가 만들 수 있는 최선의 결과물이 이 책에 담겼기를 바라고, 독자들이 책의 세세한 부분까지 탐구하며 재미를 느꼈으면 좋겠다.

이 책의 주요한 주제 중 하나는 독자들의 게임에 대한 이해를 높이는 질문을 제기하거나 아이디어를 탐구하는 것이다. (질문에 대한 답은 얻을 수도, 얻지 못할 수도 있다) 우리들은 스스로에게 많은 질문을 던져 보았는데, 일부는 이 책의 아이디어가 되었고 일부는 책에서 배제되었다. 이러한 문제는 이 책만의 것이 아닌데, 모든 저자는 책에 무엇을 넣을지, 무엇을 뺄지 항상 선택한다. 작가 마크 트웨인(Mark Twain)이 한 말을 변형해서 말하면, 우리에게 시간이 더 주어졌다면 더 짧은 책을 쓸 수 있었을 것이다.

우리가 배제한 아이디어들은 형편없었던 것이 아니다. 단지 이 책에서 탐구할 수 있는 것보다 더 많은 아이디어가 있었을 뿐이다. 사실 탐구할 만한 아이디어는 더 많이 있다. 우리는 독자가 더 많은 질문을 탐구하기를 바란다.[4] 독특하고 이상한 아이디어를 생각해 보자. 여기에서 무엇이 얻어질지 탐구해 보자.

이 책에서 "set"이라는 단어를 어떻게 사용할지 설명하겠다. 세 장의 카드를 이야기할 때는 "SET"이라 쓸 것이다. 우리가 보드 게임(혹은 변형된 보드 게임, 예를 들어 보라색 카드만 사용하면 네 가지가 아닌 세 가지 속성만을 사용하게 된다)을 지칭할 때는 "SET"이라 쓰겠다.

그리고 이후 장에서 $n > 4$에 대해 n가지의 속성을 이야기할 때에는 "n가지의 속성 게임"이라는 표현을 쓸 것이다. 독자들이 혼동하지 않기를 바란다.

[그림 P.1] 마다가스카에서 열정적으로 SET을 즐기는 학생들

---

[4] 나쁘지 않은 인생 전략이다.

서문

감사의 글

Ethan Berkove, Jed Mihalisin, Justin Solonynka, Drew Knight Weller, Andria Gordon, Deborah Chun과 Chubbles에게 감사드린다. 이들은 원고의 초고에 대해 엄청난 분량의 피드백을 주었다. 만일 당신이 그들을 만난다면 샌드위치를 하나 선물해 주기 바란다. 우리는 익명의 리뷰어들로부터 멋진 제안들도 받았고, Princeton University Press의 Vickie Kearn과 그녀의 팀으로부터 좋은 제안을 받았다.

우리는 게임에 담긴 수학 지식을 알게 해 준 많은 이들에게도 감사를 표한다. Anthony Forbes는 9장에서 탐구할, 카드들을 최대 캡들(maximal caps)과 한 장의 카드로 분해하는 멋진 아이디어를 발견했다. David Eisenstat와 Brian Lynch는 질문들에 대한 컴퓨터 시뮬레이션을 만들었는데, 일부는 우리가 생각지 못했던 질문에 대한 것들이었다. Jordan Awan은 Cap Builder를 만들어서 많은 차원에서의 최대 캡들을 탐구하였다. Maureen Jackson은 Liz의 지도로 우수논문(honors thesis)을 썼는데, 여기서부터 모든 일이 시작되었다. Sarah Brachfeld는 게임이 6장의 카드만 남기고 끝났을 때의 구조를 연구했다. Mike Follett, Kyle Kalail, Katie Pelland, Rob Won은 Liz의 첫 여름 SET 연구 그룹에 참가하여 카드들을 최대 캡들로 분해하는 탐구를 했고, Jordan Awan, Claire Frechette, Yumi Li는 다른 여름 연구 캠프에서 그 연구를 이어서 진행하였다.

자, 이제 게임을 시작하자!

목차

1권

서문 ·· ii

1 당신을 위한 게임 SET

1.1 보드게임 SET ·· 3
1.2 더 많은 질문과 이후 내용 미리 보기 ·· 18
연습문제 ·· 37

2 개수 세는 것은 재미있어!

2.1 도입 ··· 45
2.2 기본적인 개수 세는 문제들 ·· 47
2.3 조금 더 발전된 개수 세는 질문들 ··· 55
2.4 파스칼 삼각형: 쉬어가기 ·· 64
2.5 발전된 개수 세는 문제들 ··· 68
연습문제 ·· 78
프로젝트 ·· 81

목차

3 확률

3.1 도입 ··· 85

3.2 확률이란 무엇인가? ·· 87

3.3 기댓값 ··· 98

3.4 SET에서 교차SET으로, 그리고 확률 ···················· 104

3.5 마지막 질문들 ··· 110

연습문제 ·· 113

프로젝트 ·· 116

4 SET과 모듈로 연산

4.1 모듈로 연산이란 무엇인가? ·································· 121

4.2 모듈로 연산 문제들 ·· 123

4.3 다 멋지고 좋은데, SET과는 어떤 관련이 있는가? ··· 129

4.4 마지막 카드 게임 ·· 140

4.5 여섯 장의 카드 정리 ··· 147

4.6 숫자 3은 무엇이 특별한가? ·································· 152

연습문제 ·· 156

프로젝트 ·· 161

5 SET과 기하학

5.1 도입 ··· 167

5.2 유한 아핀 기하학 ·· 173

5.3 평행선 공준과 SET ·· 179

5.4 삼차원 아핀 기하학: AG(3, 3) ······································· 191

5.5 전체 카드 묶음: 사차원 아핀 기하와 AG(4, 3) ················ 200

5.6 최대 캡들 – 미리 보기 ··· 205

5.7 여섯 장의 카드 정리 ··· 208

5.8 다섯 장의 카드가 이상하게 남은 상황 다시 보기 ············ 213

5.9 결론 ··· 216

연습문제 ·· 218

프로젝트 ·· 226

1권을 마치며

I.1 어떻게 하면 SET을 더 빨리 찾을 수 있는가 ··················· 228

I.2 주어진 카드 배열에 SET이 없다는 것을 어떻게 판단할 수 있을까? ······· 229

I.2.1 SET이라는 게임 ··· 230

I.3 서로 수준이 다른 사람들끼리 더 공정하게 게임을 하는 방법 ············· 238

I.4 다른 방식으로 게임을 하는 방법 ···································· 240

I.5 어떻게 상대방의 게임을 방해할 수 있는가 ······················ 244

1~5장 연습문제 풀이 ··· 247

CHAPTER
01

당신을 위한 게임 SET

보드게임 SET에 담긴 수학

1.1 보드게임 SET

세 학생, 스테판(Stefan), 에밀리(Emily), 타니야(Tanya)가 특별한 카드들로 구성된 SET 게임을 하고 있다. SET 게임의 각각의 카드들은 다음 네 가지 속성을 가지고 있다.

- 개수 : 1, 2, 3
- 색깔 : 빨강, 초록, 보라
- 무늬 : 빈 무늬, 줄무늬, 속이 찬 무늬
- 모양 : 둥근 모양, 꿈틀이, 다이아몬드

타니야에게는 이 게임이 처음이다. 스테판이 카드를 뽑아 배열하는 사람인데, 첫 카드를 뽑기 전에 타니야가 질문을 시작하였다.

타니야 : 모두 몇 장의 카드가 있어?
스테판 : 그건 수학 문제 같은데?
에밀리 : (카드를 세기 시작한다) 나한테 잠시 시간을 주면 알아낼 수 있어.
스테판 : (에밀리에게) 아니야! 셀 필요 없어. 우리는…*수학*을 이용해서 알아낼 수 있어!
타니야 : 어떻게 했는데?
스테판 : 무엇을?
타니야 : 어떻게 * 기호를 말할 수 있어?

> 보드게임 SET에
> 담긴 수학 1

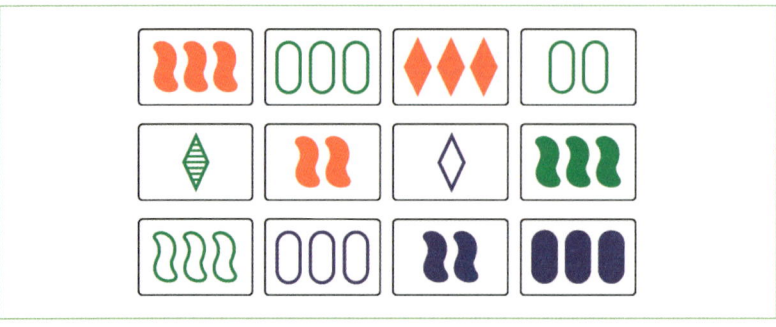

[그림 1.1] 처음 배열된 카드들

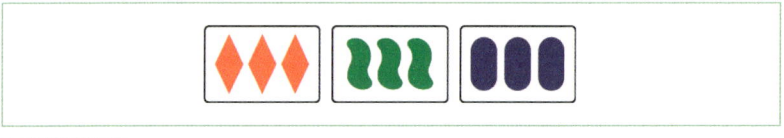

[그림 1.2] 에밀리의 SET

[그림 1.3] 선택되지 못한 SET

스테판 : 질문을 못 알아 듣겠는데?
에밀리 : 분명히 우리들은 책 속에 있기 때문에 할 수 있는 거야! 우리는 어떤 기호라도 사용해서 말할 수 있어! ☺

타니야는 많은 사람들이 이 게임에 대해 묻는 첫 수학 질문을 하였고, 스테판의 조언은 타니야와 에밀리에게 한 것이지만, 당신을 위한 것이기도 하다.

물론 당신이 모든 카드를 가지고 있다면, 에밀리가 하려 했던 방식으로 쉽게 답을 할 수 있을 것이다.

하지만 스스로 찾아낼 수 있도록, 우리는 이 질문(과 다른 질문들)에 대한 답을 책 뒤로 미룰 것이다. 우리는 여러분 스스로 답을 찾아보기 바란다. 하지만 스테판과 에밀리와 타니야가 여기에서 하는 질문들은 이후 장에서 보게 될 내용들에 대한 동기부여가 될 것이다.

스테판은 12장의 카드를 배열해 놓았다. [그림 1.1]을 보자.

타니야 : 어떻게 게임을 하는 거야?

스테판 : 네 가지 속성이 각각 모두 같거나 모두 다른 세 장의 카드를 찾으면 돼. 그 카드들을 "SET"이라고 불러.

에밀리 : (세 장의 카드를 잡으며) 이런 거 말이지! ([그림 1.2]를 보자.)

타니야 : 알겠어. 모든 카드가 3개 기호를 가지고 있고, 색깔은 모두 다르고, 무늬는 모두 가득 차 있고, 모양은 모두 다르구나.

스테판 : 그래, 맞아! 사실은 에밀리가 뽑았던 카드 중 하나인, '3개 초록 속이 찬 꿈틀이'를 포함하는 다른 SET도 있어. ([그림 1.3]을 보자.)

스테판 : 이것들은 모두 초록색인데, 다른 속성들은 모두 서로 달라.

타니야 : 처음 배열된 카드들에 2개 SET이 있었던 거네. 이게 이상한 일인가?

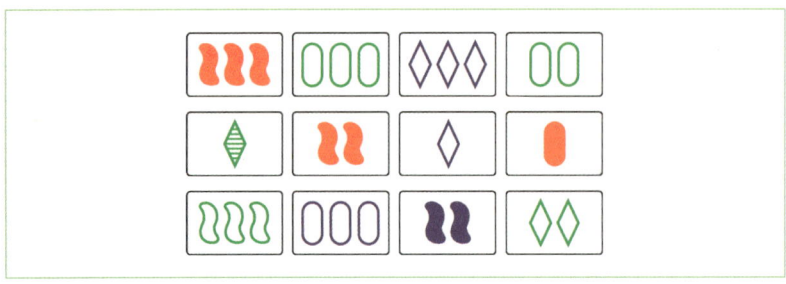

[그림 1.4] 두 번째 배열된 카드들

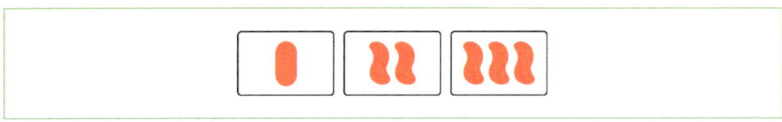

[그림 1.5] 타니야가 잘못 고른 SET

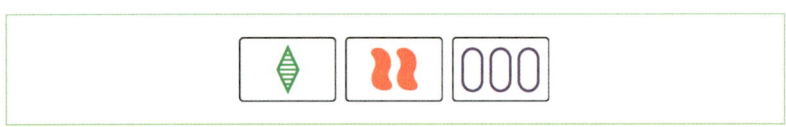

[그림 1.6] 타니야가 제대로 고른 SET

스테판 : 아니야. 첫 번째로 배열된 카드들에 SET이 평균적으로 몇 개 있는지에 대한 멋진 확률 계산 방법이 있어. (3장 참조) 자, 우리는 12장의 카드를 배열해야 하니까 에밀리가 가져간 세 장의 카드들을 새로운 카드로 바꿔야겠다. (스테판은 세 장의 카드를 꺼내서 배열하였다. [그림 1.4]를 보자.)

타니야 : (속이 찬 3개 빨간 카드를 가리키며) 얘들아, 이것도 SET이지? ([그림 1.5]를 보자.)

스테판 : 거의 그래. 하지만 모양에 문제가 있어. 2개는 꿈틀이인데 1개는 둥근 모양이야. "2개는 x이고 1개는 y야"라고 말할 때마다 운이 없었다고 생각해.

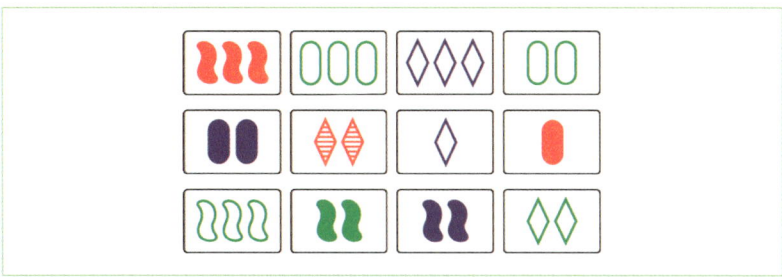

[그림 1.7] 세 번째 배열된 카드들

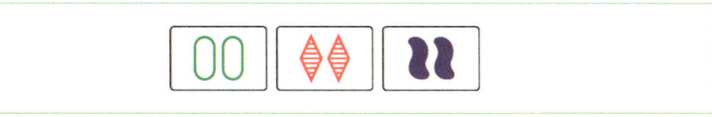

[그림 1.8] 스테판의 SET

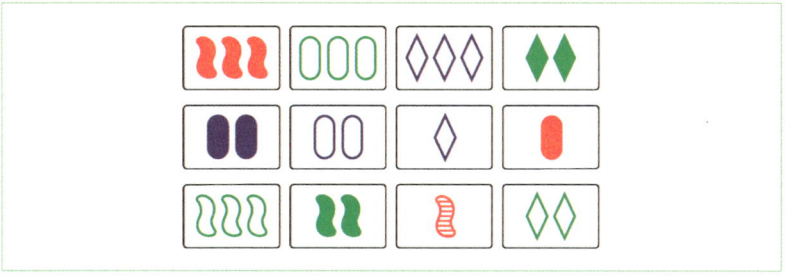

[그림 1.9] 네 번째 배열된 카드들. 여기에는 SET이 없다!

타니야 : 아, 이제 알겠다. 이건 어때? ([그림 1.6]을 보자.)

에밀리 : 대단해! 어떤 사람들은 이런 종류의 SET이 가장 찾기 어렵다고 해. 네 가지 속성이 모두 다르거든.

스테판 : 타니야가 찾은 SET은 사실 처음 배열된 카드들 사이에 있었는데, 지금껏 못 찾고 있었던 거야.

타니야는 그녀의 카드들을 가져가고 스테판은 세 장을 배열해 놓는다. [그림 1.7]을 보자.

스테판 : (세 장의 카드를 잡으며) 카드를 배열하는 사람이 SET을 찾았다! 그렇게 해도 된다는 사실은 알고 있겠지. ([그림 1.8]을 보자.)

스테판은 다른 세 장의 카드를 배열해 놓았고, 친구들은 [그림 1.9]에 있는 카드들을 한동안 유심히 살펴보았다.

에밀리 : 내 생각에는 이 12장의 카드에는 SET이 없는 것 같다. 도저히 찾을 수 없어.
스테판 : 아이고 머리야!
타니야 : 에밀리! 네가 스테판의 머리를 쳤어!
에밀리 : 미안. 가끔 난 생각할 때 팔을 심하게 휘두르거든. 정말 위험하게 말이야.
타니야 : 여기에는 SET이 정말로 없니? 어떻게 확신할 수 있을까?
에밀리 : 여기에는 없어. 이것을 확인하는 몇 가지 방법이 있기는 한데, 대부분의 경우에는 우리가 모두 한동안 잘 들여다보았을 때 아무도 찾지 못하면 세 장의 카드를 더 배열해 놓으면 돼.
타니야 : 12장의 카드에 SET이 없는 경우는 얼마나 자주 생길까?
스테판 : 아마 실제로 계산하기는 어려울 거야. 하지만 어떤 사람들은 컴퓨터 시뮬레이션을 이용해서 얼마나 자주 일어나는지 확인해 보고 있어.

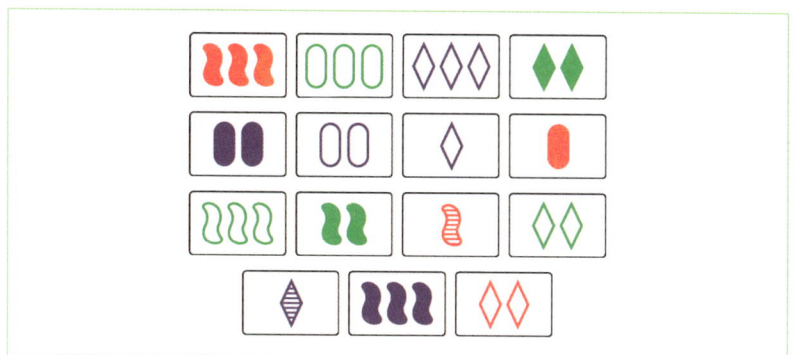

[그림 1.10]   네 번째 배열된 카드들에 세 장의 카드를 추가함

1권의 마지막 장(5장 이후)에서는 배열된 카드에 SET이 없는지를 판별하는 방법을 소개할 것이고, 2권의 10장에서는 시뮬레이션을 다루겠다.[1] 모두가 SET이 없다고 동의하면, 세 장의 카드를 더 배열해 놓는다. ([그림 1.10]을 보자)

에밀리 : 이제 SET이 있구나![2]
타니야 : 15장의 카드에 SET이 하나도 없는 경우가 생길 수 있나?
스테판 : 그래. 사실 20장의 카드까지 SET이 하나도 없는 경우가 생길 수 있고, 이게 최댓값이야. 이것은 사실 유한 기하학(finite geometry)과 관련된 질문이야. (5장을 보자.)
타니야 : 멋진데. 이제 12장의 카드에 SET이 하나도 없을 수 있다는 것을 알았어. 그러면 12장의 카드가 가질 수 있는 SET 개수의 최댓값은 어떻게 될까?

---

1) 다루는 것과 카드를 나누어주는 것에 모두 deal이라는 표현을 쓴다. 여기에서 deal은 한 단어가 두 가지 의미로 쓰이는 말장난(pun)인데, 저자들이 일부러 의도한 것은 아니다.
2) 직접 찾아보기 바란다. 만일 하나를 찾았다면, 하나를 더 찾아보기 바란다.

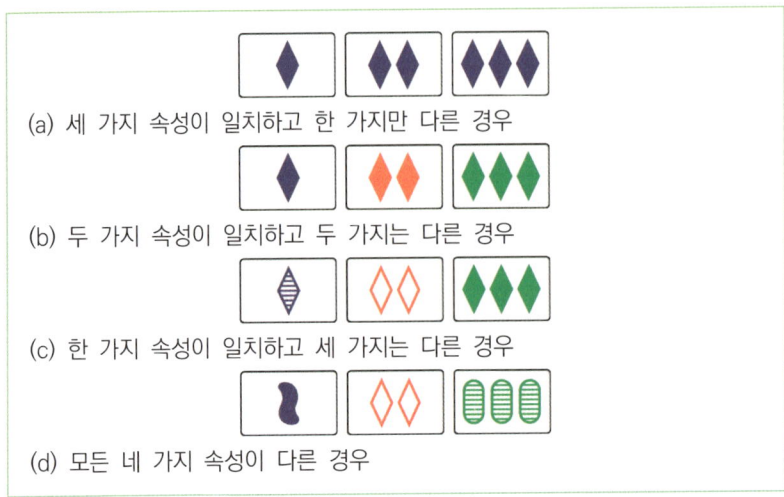

[그림 1.11] 네 가지 종류의 SET

(a) 세 가지 속성이 일치하고 한 가지만 다른 경우
(b) 두 가지 속성이 일치하고 두 가지는 다른 경우
(c) 한 가지 속성이 일치하고 세 가지는 다른 경우
(d) 모든 네 가지 속성이 다른 경우

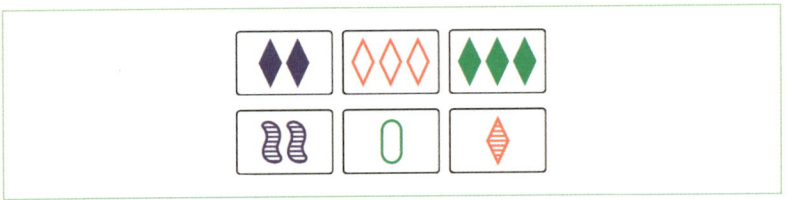

[그림 1.12] 게임 끝에 남은 6장의 카드

스테판 : 자, 정말 멋지게도 이것도 기하학과 관련된 질문이야. (5장 끝의 프로젝트에서는 주어진 개수의 SET을 가진 12장의 카드를 배치하는 방법을 탐구한다.)

타니야 : 전체 카드 안에 SET이 몇 개나 있는지 알려졌나?

에밀리 : 응, 재미있게 계산할 수 있어. (답은 2장에서 다루는데, 이 장에서는 많은 계산을 다룬다)

스테판 : 모든 카드는 똑같은 개수의 SET 안에 포함되어 있어.

타니야 : 내가 묻지 않은 질문에 대답해 줘서 고마워. 그리고 내가 한 질문들에는 하나도 정확한 답을 주지 않았다는 사실을 깨달았어. 또 하나 깨달은 게 있는데, 우리가 찾았던 몇 개 SET들에는 항상 같은 속성의 개수가 달랐다는 거야. 서로 다른 종류의 SET은 모두 몇 개나 있지?

에밀리 : (남은 카드들을 뒤져본다) 네 종류야. 여기에 속성이 얼마나 같은지에 대한 모든 경우가 다 나와 있어. ([그림 1.11]을 보자)

이제부터 게임은 전처럼 계속되었고, 친구들은 SET을 가져간 후 스테판이 카드들을 더 배열해 놓았다. 찾을 수 있는 최대한 많은 SET을 가져간 후에 총 6장의 카드가 남았다. ([그림 1.12]를 보자)

타니야 : 마지막 남은 카드들에 SET이 있을까?

에밀리 : 아니. 게임이 끝났어!

타니야 : 끝날 때 6장의 카드가 남는 게 일반적인 일인가?

스테판 : 정확한 확률을 구하는 건 굉장히 어려운 문제이지만, 컴퓨터 시뮬레이션을 해보면 보통 6장이나 9장의 카드가 남게 되어 있어. 가끔은 모든 카드가 다 없어지기도 하지만, 상당히 드문 일이지.

에밀리 : 마지막에 12장, 15장, 18장이 남는 경우도 있는데, 실제로 해보았을 때 15장이나 18장인 경우는 못 봤어. (10장에서 여러 가지 상황들을 컴퓨터로 시뮬레이션해 보았다.)

타니야 : 항상 3의 배수만 남는구나. 말이 되네. 정확히 세 장만 남게 되는 경우는 얼마나 생겨?

> 보드게임 SET에
> 담긴 수학 1

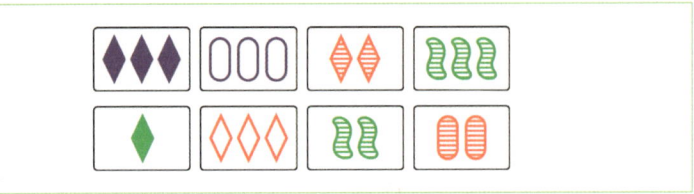

[그림 1.13] 게임 끝에 남은 한 장의 카드가 없어졌다. 무엇인지 알 수 있을까?

스테판과 에밀리 : (함께) 절대로 일어나지 않아!

이제 게임은 끝났고, 친구들은 자신들이 가진 **SET**의 개수를 세어보았는데 에밀리가 승리했다. 하지만 타니야는 왜 게임 마지막에 세 장의 카드가 남을 수 없는지가 궁금했다. 완전한 설명은 4장에서 모듈로 연산을 사용해서 설명할 수 있다.

타니야 : 정말 재미있었어! 한 번 더 하지 않을래?

친구들은 두 번째 게임을 했고, 이번에는 게임 마지막에 8장의 카드가 남았다. ([그림 1.13]을 보자)

타니야 : 잠깐만! 어떻게 마지막에 8장의 카드가 남을 수 있지? 항상 3의 배수가 되어야 한다고 알고 있었는데! 한 장의 카드가 혹시 없어진 거 아냐?
에밀리 : 정확해! 우리는 게임을 시작할 때 한 장의 카드를 숨긴 다음에 평상시처럼 게임을 했어.
타니야 : 왜 그랬어? 숨긴 카드는 뭐야?
스테판 : 놀라운 점은 우리가 그 카드를 알아낼 수 있다는 거야!
타니야 : 하지만 나는 우리가 배열했던 모든 카드를 외울 수 없는데.

에밀리 : 그럴 필요 없어. 테이블에 남아있는 카드들을 가지고
         숨긴 카드를 찾아낼 수 있거든!
타니야 : 어떻게!?

에밀리는 타니야의 간절한 부탁에 대답하는 대신, 그녀와 스테판이 하고 있는 것을 설명한다. 그들(과 우리)은 이것을 마지막 카드 게임(the End Game)이라 부른다.

마지막 카드 게임

1. 게임을 처음 시작할 때 (카드 모양을 보지 않고) 카드 한 장을 빼서 옆에 놓는다.
2. 12장의 카드를 무늬가 위로 오도록 배열해 놓고, 평상시처럼 SET을 찾아 없애고 다른 카드들을 채워 넣는 방식으로 게임을 진행한다.
3. 게임이 끝났을 때, 남아있는 카드들로부터 숨긴 카드를 결정할 수 있다.
4. 마지막으로, 숨긴 카드를 결정한 후에 운이 좋다면, 테이블에 남아있는 카드 두 장과 숨긴 카드를 이용해서 SET을 만들 수도 있다.

우리는 4장에서 이러한 방법이 어떻게 가능한지에 대해 자세히 설명할 것이다. 10장에서는 숨긴 카드가 얼마나 자주 SET을 만드는지에 대해서 결정할 것이다. 지금으로서는, [그림 1.13]으로부터 숨긴 카드를 스스로 찾아낼 수 있는지 알아보자. (**힌트** : 각각의 속성을 따로따로 주목해보자. 먼저 숨긴 카드의 색깔을 결정한 후, 개수 등을 따져본다. 정답은 이번 장 끝에 나와 있다.)

> 보드게임 SET에
> 담긴 수학 1

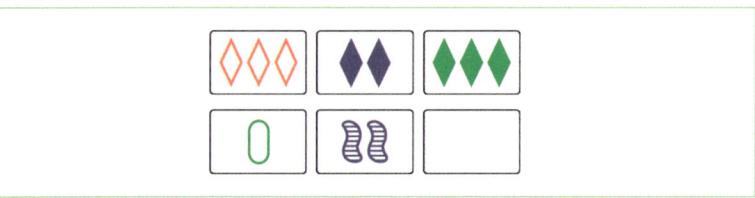

[그림 1.14] 마지막 카드 게임에서 숨겨진 카드를 찾아보자

스테판 : 그래 타니야, 숨긴 카드는 이렇게 결정할 수 있어.
(*들리지 않는 귓속말*)

타니야 : 그래, 알았어! 정말 멋지구나! 숨긴 카드는…(타니야가 숨긴 카드를 너무 크게 외쳐서 우리들은 알아들을 수가 없었다.)

에밀리 : 완벽해. 점점 더 재미있어지는구나. 숨긴 카드가 테이블에 있는 나머지 8장의 카드들과 SET을 이룰 수가 있나?

타니야 : 그래. 사실, 서로 다른 2개 SET이 있는 걸.

스테판 : 그래 맞아. 네가 "SET!"이라고 외친 후에 테이블 위의 두 장의 카드를 가져간 후 숨긴 카드를 뒤집어 가져가는 건 정말로 멋진 것 같아.

에밀리 : 그래, 정말로 마치 마술 같아.

연습 삼아(방법을 모른 채) [그림 1.14]에서 숨겨진 카드를 결정할 수 있는지 확인해 보자. 숨겨진 카드의 정체는 이번 장 끝에 나온다.

타니야 : 이 방법이 항상 성립하는 거야? 마지막 남은 카드의 수가 달라도 여전히 숨겨진 카드를 항상 찾을 수 있는 거야?

에밀리 : 그래, 항상 성립해. 하지만 숨겨진 카드가 항상 남은 카드들과 SET을 이루게 되는 것은 아니야.

스테판 : 그런데 우리가 마지막 카드 게임을 할 때, 마지막으로 남은 카드가 5장이었다면, 숨겨진 카드는 절대로 남은 카드들과 SET을 이룰 수 없어.

타니야 : 왜 그런지 알 것 같아. 게임이 끝날 때 세 장의 카드만 남을 수는 없다는 사실 때문인 거지?

스테판 : 그래, 이것도 모듈로 연산을 사용해야 해.

타니야 : 정말로 멋지고 신기한 예언 같아! 한 번 더 하자.

스테판과 에밀리와 타니야는 한 게임을 더 했다. 타니야는 게임이 낯설었음에도 아주 잘했는데, 스테판과 에밀리가 SET을 찾더라도 바로 가져가지는 않는 핸디캡을 스스로에게 부여했기 때문이었다. (1권 마지막 장에는 경험 많은 사람과 초보자가 모두 즐겁게 게임을 즐기는 다양한 방법을 소개해 놓았다.) 게임이 끝났을 때, 친구들은 또 다른 토론을 시작했다.

타니야 : 이제 우리가 게임에 대해 많이 알게 되었는데, 더 가르쳐 줄 트릭이 있을까?

스테판 : 물론이지. 내가 너에게 SET을 이루지 않는 랜덤한 카드 세 장을 줄게. 세 장 중에서 임의로 두 장을 골랐을 때 그 두 장이 포함된 SET을 만드는 세 번째 카드를 찾아봐. (스테판은 [그림 1.15](a)를 배열해 놓았다)

타니야 : (카드들을 잘 살펴보면서 [그림 1.15](b)에 있는 세 장의 카드들을 찾는다) 그래, 세 장의 카드를 찾았어.

에밀리 : 좋아. 그러면 조금 전에 찾은 세 장의 카드에 대해 앞에서 했던 작업을 한 번 더 해봐.

타니야 : 다했어. (그녀는 [그림 1.15](c)에 있는 세 장의 카드들을 배열해 놓았다.)

(a) 세 장의 카드는 **SET**을 이루지 않는다. 각각의 카드를 A, B, C라 두자.

(b) 세 장의 카드들 각각은 (a)에 있는 두 쌍의 카드들과 **SET**을 이룬다. 첫 카드는 A, B와 **SET**을 이루고, 둘째 카드는 A, C와 **SET**을 이루고, 셋째 카드는 B, C와 **SET**을 이룬다.

(c) 이 세 장의 카드들은 각각 (b)에 있는 두 장의 카드들과 **SET**을 이룬다.

[그림 1.15] 최대한 많은 SET을 만들기

스테판 : 이제는 방금 전에 찾은 세 장의 카드에 대해 앞에서 했던 작업을 한 번 더 해봐.

타니야 : 지금 놀리는 거지. 영원히 계속시키려고!

에밀리 : 그럴지도 모르겠는데, 사실은 그렇지 않아. 계속해 봐.

타니야 : 무슨 일이지?!? 우리가 처음 시작했던 바로 그 카드들이 나오네.

스테판 : 자, 이제 이 아홉 장의 카드들을 살펴보자. 이 카드들에서 **SET**들이 한눈에 보이도록 잘 배열할 수 있을까?

이리저리 배열해 본 후에, 타니야가 [그림 1.16]처럼 카드를 배열해 놓았다.

타니야 : 맞아, 그게 멋진 트릭이야. 얼마나 예쁜지 봐봐.

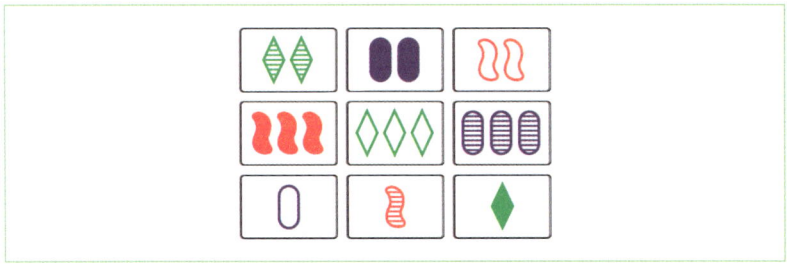

[그림 1.16]　[그림 1.15]의 아홉 장의 카드를 멋지게 재배열한 모습

에밀리 : 이것이 보드게임 SET을 만든 회사에서 마법의 사각형 (magic square)이라 부르는 거야. 어떤 두 장의 카드를 뽑더라도, SET을 이루는 세 번째 카드를 항상 찾을 수 있거든.

우리는 이 특별한 배열에 대해 다음 절에서 알아볼 것이다. 잠시 동안 이 트릭을 스스로 해보기 바란다.

1.2 더 많은 질문과 이후 내용 미리 보기

이번 절에서는 SET과 수학이 어떻게 다양하게 관련되어 있는지를 전체적으로 조망해 보려 한다. 이것이 당신에게 앞으로 나올 내용에 대한 흥미를 끌게 되기를 희망한다. 우리는 많은 질문들을 던질 것이지만, 스테판과 에밀리가 했던 것처럼, 현재로서는 그 질문 중 아주 일부에만 답을 할 것이다. 우리는 당신이 적극적으로 읽고 질문에 대해 생각하고 노력해서 스스로 답을 찾기를 바란다. 하지만 먼저, 우리의 스폰서의 이야기를 먼저 듣자.

역사

SET은 독일 양치기 강아지의 간질병을 연구하던 인구 유전학자인 Marsha Falco가 1974년에 개발하였다. 그녀는 각각의 강아지들에 대응하는 카드를 가지고 있었는데, 카드에 강아지들의 다양한 유전 정보를 그려 넣었다. 그녀가 그 카드들을 살펴보았을 때, 그것을 게임으로 만들 수 있겠다는 생각을 했다. 처음에는 그녀의 가족들끼리만 게임을 즐겼으나, 1990년에 그녀는 회사 Set Enterprises, Inc.를 설립하여 게임을 개발하고 홍보하게 되었다.

SET은 TDmonthly (ToyDirect) 선정 가장 갖고 싶은 게임 10위권에 2006년부터 2015년까지 올랐으며, 1991년에는 Mensa Select

[그림 1.17] 우승자(왼쪽)와 Marsha Falco(오른쪽)

Award를 수상했고, 2004년에는 학부모가 고른 지난 25년간 개발된 최고의 게임 25위권에 오르기도 하는 등 수많은 상을 수상하여 대단한 게임으로 꾸준히 인정받고 있다.

2006년 8월에는 국제 SET 경진 대회가 열렸고, Set Enterprises의 웹사이트 www.setgame.com에서 홍보를 하였는데, 이 책의 저자 중 한 명이 우승하였다.[3] [그림 1.17]을 보자.

---

3) Hannah에게 그 사람이 누군지 물어보자.

개수를 세는 문제들

사람들(수학자들도 포함하는데, 그들도 사람이다)은 SET이 장난감 가게에 등장한 이후부터 여러 가지 질문들을 하기 시작하였다. 하지만, 수학에서 전형적인 일이듯이, 단순히 질문들에 대한 답을 찾는 것으로는 충분하지 못하였다. 답은 종종 더 많은 질문을 만들어 냈고, SET에서는 새로운 질문들이 게임과 수학과의 더 깊은 관계를 드러내었다.

먼저 타니야의 첫 질문부터 시작해 보자.

 SET에는 모두 몇 장의 카드가 있는가?

가장 지루한 해답은 SET을 하나 가져와서 카드의 수를 직접 세보면 얻을 수 있다. 81장이 될 것이다. 수학적인 해답은 다음과 같다. 네 가지 속성이 있고, 각 속성에는 세 가지 경우가 가능하기 때문에, 총 $3 \times 3 \times 3 \times 3 = 3^4 = 81$개 카드가 가능하다. 왜 여기에서 (예를 들면 더하지 않고) 곱해야 할까? 왜냐하면 우리는 숫자를 정하고(AND) 색깔도 정하고 무늬도 정하고 모양도 정해야 하기 때문이다.

"하고(AND)"를 곱하기 기호 ×로 바꾸는 것을 이산수학(discrete mathematics) 교과서에서는 **곱의 법칙(multiplication principle)**이라 부른다. 우리는 이 기본적인 아이디어를 2장에서 더 자세하게 설명할 것이다.

 서로 다른 SET은 모두 몇 개인가?

[그림 1.18] SET의 기본 정리에 따르면 이 두 장의 카드를 포함하는 SET을 만드는 카드가 유일하게 하나만 존재한다. 그 카드는 무엇인가?

이에 대한 짧은 답: 게임이 재미있을 만큼 충분하다. 이 질문의 답은 2장에서 제시한다.

📝 SET 중에 네 가지 속성이 모두 다른 것은 몇 퍼센트인가? 세 가지 속성은? 두 가지 속성은? 한 가지 속성은?

2장에서 이에 대한 명확한 답을 자세하게 설명할 것이다. 이 계산에는 기본적인 셈하기 전략이 사용된다. 지금으로서는 어떤 종류의 SET이 가장 흔할지, 어떤 종류가 가장 드물지에 대해 추측하는 것으로 충분하다.

📝 주어진 카드를 포함하는 SET은 얼마나 많이 존재하는가?

스테판은 각각의 카드가 똑같은 개수의 SET에 포함되어 있다고 말한 바 있다. 하지만 이 개수 세는 문제는 중요한 아이디어를 필요로 하는데, 그래서 바로 답을 하려 한다. 2장에서는 이 문제를 다시 다룰 예정이다.

주어진 카드를 포함하는 SET의 개수를 구하는 데에는 SET의 기본 정리(the fundamental theorem of SET)라 부르는 아주 중요한 원리가 사용된다.

보드게임 SET에
담긴 수학 1

SET의 기본 정리

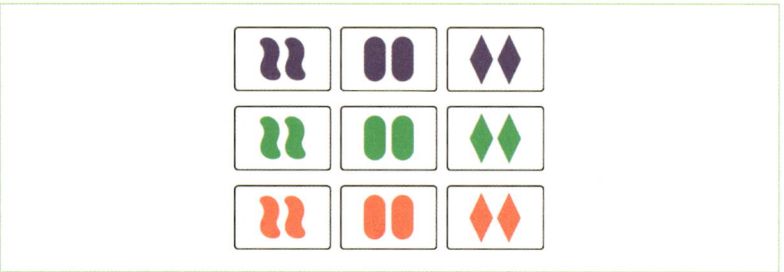

[그림 1.19] 수많은 SET

주어진 두 장의 카드에 대하여, 두 장을 포함하는 **SET**을 만드는 나머지 한 장의 카드가 유일하게 존재한다.

[그림 1.18]에 있는 두 장의 카드를 보자. 이 두 장의 카드를 포함하는 **SET**을 만드는 나머지 한 장의 카드가 유일하다는 것은 명확해 보인다.

이 정리를 어떻게 적용하는지를 살펴보자. 먼저 한 장의 카드 C를 뽑는다. 그러면 나머지 80장의 카드는 40개 쌍으로 나눌 수 있는데, 각각의 쌍은 C를 포함하는 **SET**이 된다.[4] 이는 주어진 카드를 포함하는 **SET**은 총 40개가 존재함을 보여준다.

그런데 우리는 이 방법을 써서 모든 **SET**의 개수를 구할 수도 있다. 당신의 방법은 이렇게 시작할 것이다. "81장의 카드가 있고, 한 장을 포함하는 **SET**은 총 40개가 존재하기 때문에 총 개수는 81×

---

4) (역자주) 80장의 카드 중 한 장 A를 뽑으면, A, C를 포함하는 **SET**이 되는 B가 유일하게 존재하므로, A와 B는 한 쌍이 된다. 마찬가지로 남아있는 78장의 카드 중에서 한 장 D를 뽑으면, C, D를 포함하는 **SET**이 되는 E가 유일하게 존재하므로, D와 E는 한 쌍이 된다. 이 방법을 반복하면 된다.

40 = 3240이다. 하지만 이것은 과도하게 큰 수가 되었는데, 왜냐하면 하나의 SET을 세 번씩 세었기 때문이다. 그렇기 때문에…"

 기하학 문제들

이 게임과 기하학 사이의 관련은 대단히 놀랍다. 이 게임은 유한 개 카드로 하는데, 보통의 유클리드 기하학은 유한이 아니다. (선 위에는 무한히 많은 점이 있고, 평면 위에는 무한히 많은 선이 있는 등등) 하지만 **유한 기하학**(finite geometry)과의 관련은 대단히 중요하다. 우리는 이 관련을 5장과 9장에서 탐구할 것이다. 준비 운동으로 다음을 해보자.

당신은 [그림 1.19]에 있는 아홉 장의 카드 배열에서 얼마나 많은 SET을 찾을 수 있는가?

대답은 아래쪽에 있다.[5] 에밀리가 말했듯이, SET 제조사 홈페이지는 이러한 그림을 마법 사각형이라 부른다. 불행하게도 수학자들은 마법 사각형이라는 표현을 다른 의미로 사용한다.[6] 이것은 아홉

---

5) 모두 12개 SET이 있다. 하지만 이것이 "당신은 얼마나 찾을 수 있는가?"에 대한 대답은 아닐 수 있다.
6) Ben Franklin이 마법 사각형 연구를 시작하였다. 마법 사각형이란 서로 다른 정수들이 정사각형 모양으로 배열되어 있는 것인데, 각 열과 행과 대각선의 합이 모두 동일한 값이 되는 것이다. 이 마법 사각형과 SET과는 아무런 관련이 없다. (역주 : 국내에서는 이 마법 사각형을 마방진이라 부른다.)

보드게임 SET에
담긴 수학 1

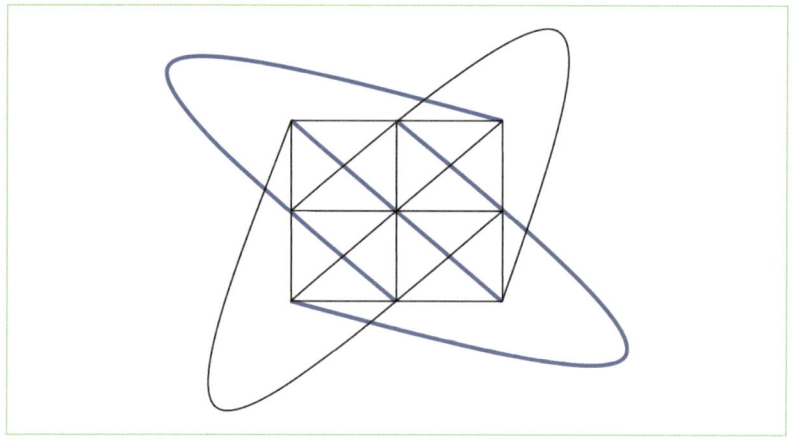

[그림 1.20] [그림 1.19]에 있는 SET들의 도식(schematic diagram). 이것은 직선마다 3개 점을 포함하는 아핀 평면(affine plane)이다.

장의 카드 배열에서 찾을 수 있는 가장 많은 수의 **SET**을 가진다. 우리(와 대다수의 수학자)는 이러한 배열을 **평면(plane)**이라 부르는데, 그 이유는 5장에서 명확해질 것이다.

이것이 어떻게 기하학과 관련되는가? 아홉 장의 카드를 "점"들로 생각하고 SET들을 "직선"들이라 생각하자. 그러면 이 그림을 [그림 1.20]과 같이 다시 그릴 수 있다.

(여기에 그려진 크게 휜 곡선들은 세 점을 지나는 "직선"이며, 점들은 [그림 1.19]의 카드에 대응한다. 이 기하학에서는 직선이 반드시 반듯할 필요가 없다.)

타니야가 [그림 1.16]에서 배치했던 아홉 장의 카드들을 떠올려 보면, 그 그림에서 SET들이 [그림 1.20]의 SET들과 완전히 동일한 위치에 있음을 알 수 있다. 그녀의 아홉 장의 카드도 평면을 이루는 것이다.

사실 당신은 SET을 이루지 않는 임의의 세 장의 카드로부터 항상 타니야가 만든 것과 같은 평면을 만들어 낼 수 있다. (연습문제

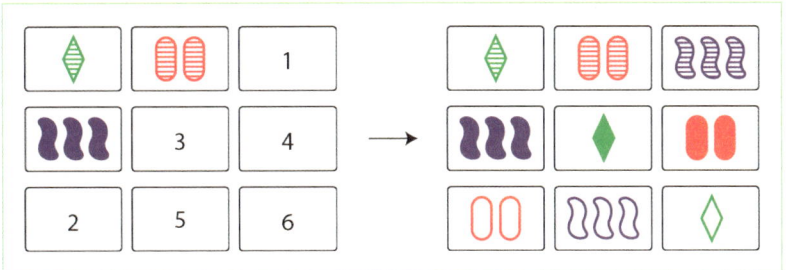

[그림 1.21] 평면 완성하기

1.3을 보자) 그녀는 두 단계를 거쳤는데, 먼저 카드들을 찾은 이후에 카드들을 배치하였다. 당신도 같은 작업을 할 수 있는데, 다음 간단한 규칙만 따르면 한 단계 만에도 가능하다. 먼저 SET을 이루지 않는 세 장의 카드를 뽑고, 이들을 [그림 1.21]과 같이 정사각형의 구석에 위치시킨다. 여기에 쓰여진 숫자들은 SET을 만들기 위해 채워야 하는 카드들의 순서를 하나 보여준다. 완성된 그림은 오른쪽에 그려져 있다.

평면에는 "마법"처럼 보이는 두 가지 특징이 있다. 첫째로, 평면에서 아무 카드나 두 장을 꺼내면, SET을 이루는 세 번째 카드가 반드시 평면 안에 놓인다. 둘째로, SET을 이루지 않는 임의의 세 장의 카드를 평면에서 뽑아서 [그림 1.21]의 절차를 진행하면 평면에 있는 것과 동일한 아홉 장의 카드를 얻게 된다.

우리는 2장에서 평면의 개수를 세며 이 주제를 다시 한번 탐구할 예정이고, 5장에서 기하학의 공리를 확인하며 다시 탐구할 예정이다. 이러한 평면들은 SET을 가장 많이 포함하는 12장의 카드 배열을 탐구할 때에도 도움이 된다. 이 배열은 연습문제 1.4에서 다룬다.

기하학적인 성향을 지닌 몇 가지 관찰 결과들이 있는데, 이것들은 너무 중요해서, 지금 당장 다룰 수밖에 없다.

> 📝 주어진 두 카드에 대해, 두 카드를 포함하는 **SET**을 만드는 세 번째 카드가 유일하게 존재한다. (SET의 기본 정리)
>
> 📝 **SET**을 이루지 않는 세 카드에 대해, 그 세 카드를 포함하는 평면은 (카드의 배열 순서를 무시했을 때) 유일하게 존재한다.

이러한 관찰을 고등학교 기하에서 배웠을 기하학의 근본적인 성질과 비교해보자.

> 📝 주어진 두 점에 대하여, 그들을 포함하는 직선은 유일하게 존재한다.
>
> 📝 한 직선 위에 있지 않은 세 점에 대하여, 그들을 포함하는 평면이 유일하게 존재한다.

우리의 기하학은 유클리드 기하와는 다르다. (특별히 "직선"은 3개 점만을 포함하고 있고, 곧을 필요가 없다) 하지만 유클리드 기하학의 많은 성질이 어느 정도 놀랍게 SET에도 적용된다. 5장에서는 SET 카드들이 아핀 기하 AG(4,3)을 이룬다는 것을 배울 것이고, 이로부터 중요한 사실들을 유도할 것이다.

기하적인 접근에는 다음과 같이 재미있는 결과가 따른다.

> 📝 모든 **SET**은 동일하다.

이것은 미친 결과다. 우리는 이미 **SET**에는 서로 다른 네 가지 종류가 있음을 알고 있다. ([그림 1.11]을 보자) 하지만 기하적인 관점에서는, 모든 **SET**은 유한 기하학에서의 단순한 직선들일 뿐이

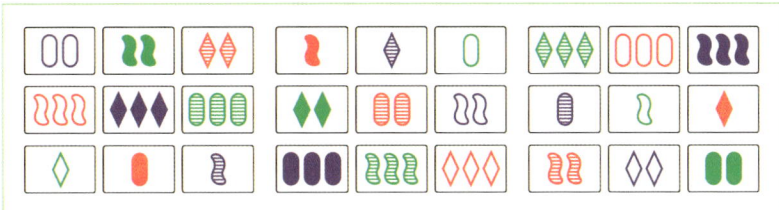

[그림 1.22] 초평면(hyperplane)

고, 모든 직선은 "동일"하다. 이 사실은 8장에서 다시 다룰 예정인데, 선형대수학(linear algebra)을 통해서 보다 정확하게 설명될 것이다.

이제 기하에 대한 마지막 코멘트를 하려 한다. **SET**을 1차원 직선으로 생각했고, 평면을 이차원 대상으로 생각했기 때문에, 우리는 [그림 1.22]와 같이 자연스럽게 삼차원 초평면(hyperplane)을 만들 수 있게 된다. 초평면은 27장의 카드로 구성되어 있는데, 이 카드들은 평행한 이차원 평면 3개로 분해할 수 있다. 비교를 위해 [그림 1.19]에서 평면이 평행한 직선 3개로 분해되었던 것을 기억하라. (평행한 **SET**이 무엇을 의미하는지는 5장과 8장에서 다룬다.)

SET들과 평면들과 초평면들은 무엇이 특별할까? 이 모임들은 **닫혀(closed)**있다. 닫혀있다는 것은 모임 안에서 임의의 두 장을 꺼냈을 때, 두 장을 포함하는 **SET**을 만드는 세 번째 카드가 항상 그 모임 안에 존재한다는 뜻이다. 8장에서 우리는 닫힌 모임은 한 장의 카드들, **SET**들, 평면들, 초평면들, 전체 카드 모임인 5종류 밖에 없음을 확인할 것이다.

심심풀이로 [그림 1.22]에 있는 **SET**들을 찾아보아라. 임의로 두 장의 카드를 뽑았을 때, **SET**을 만드는 세 번째 카드는 항상 초평면 안에 놓임을 금방 확인할 수 있을 것이다. 그림을 살펴보면서 **SET**들이 어떠한 규칙으로 배열되어 있는지를 느껴보기 바란다. 패턴을 찾는 것을 좋아한다면, 아주 좋은 훈련이 될 것이다.[7] 우리는 6장에서 게임을 일반화하며 초평면에 있는 모든 SET의 개수를 세어 볼 것이다.

마지막으로, 전체 카드 모임은 사차원 기하학을 이루는데, 81개 점들과 수많은 선, 평면, 초평면으로 이루어져 있다. 이것은 5장에서 깜짝 놀랄만한 방식으로 드러날 것이다.

확률과 시뮬레이션들

대부분의 게임들에는 우연이라는 요소가 포함되어 있는데, 운이 게임을 더 재미있게 만들기 때문이다. SET은 기술을 필요로 하는 게임이지만, 카드가 배치되는 순서에는 명백한 불확실성이 있다. 게임이 어떻게 진행되는가는 도중에 어떤 SET들을 택하느냐에 따라 결정되기 때문에, 여기에도 두 번째 수준의 운이 필요하다.

여기에 당신이 제기할 만한 몇 가지 질문들이 있다.

> 세 장의 카드를 무작위로 뽑는다고 하자. 세 장이 SET을 이룰 가능성은 어떠한가?

많은 확률 문제들이 사실은 개수를 세는 문제의 변형에 불과하다. 우리는 3장에서 이에 대한 두 가지 풀이를 제시할 것이다.

> 왜 처음 시작할 때 12장의 카드로 시작하는가?

---

7) 인간은 패턴을 인지하게 되어 있다. 이 게임과 많은 수학은 사실은 복잡한 패턴 인식이라고 말할 수 있다.

자, 이것은 규칙이기 때문이다. 하지만 왜 12가 게임을 하기에 "적절한" 수인지는 알아볼 가치가 있다. 3장에서 알아볼 예정인데, 무작위로 뽑힌 12장의 카드에 있는 SET들의 개수의 기댓값을 계산할 것이다.

다음 질문들은 게임을 하는 사람들이 정말로 많이 하는 질문들이다. 불행하게도 이 질문들은 너무 어려워서 정확한 답을 구할 수가 없다. 대신 수백만 번 게임을 해서 근삿값을 구하는 것은 가능하다.[8] 우리는 10장에서 시뮬레이션 결과들을 소개할 것이다.

📝 처음 12장의 카드를 펼쳤을 때 SET이 하나도 없을 확률은 얼마인가?

시뮬레이션은 대략 3.2% 정도 나온다고 알려준다.

📝 게임이 끝날 때 카드가 하나도 남지 않을 확률은 얼마인가?

시뮬레이션은 이전 사건보다는 드물게 일어난다고 알려주는데, 대략 1.2% 정도이다.

📝 당신의 손에 뒤섞인 전체 카드 묶음이 있다고 해보자. 게임이 끝날 때 항상 카드가 하나도 남지 않도록 게임 중간에 SET을 적절하게 가져가는 방법이 있는가?

많은 게임에서 우리는 (선택하는 SET을 다른 것으로 바꾸는 방식으로) 게임을 거슬러 올라가서 게임 끝에 다른 개수의 카드가 남

---

8) 사람이 직접 하기보다 컴퓨터에 시키는 편이 더 낫다. 컴퓨터에게 정중하게 부탁해보자.

도록 할 수 있었다. 사실 온라인으로 게임을 하던 사람들은 같은 순서의 카드에 대해 게임 후에 서로 다른 개수의 카드가 남게 되는 현상을 발견하기도 하였다. 그렇다면 어떤 순서의 카드라도 게임이 끝날 때 항상 남는 카드가 없도록 게임을 진행할 수 있는가? 10장에서 답을 제시한다.[9)]

좌표와 모듈로 연산(Modular Arithmetic)

SET이라는 보드 게임은 3이라는 숫자와 밀접하게 관련되어 있다. 3장의 카드가 **SET**이고, $3^2 = 9$장의 카드가 평면이고, $3^3 = 27$장의 카드는 초평면이고, $3^4 = 81$은 전체 카드의 장수이다. 이러한 관련성은 좌표를 도입할 때 가장 잘 이해될 수 있는데, 각각의 카드들은 개수, 색깔, 무늬, 모양이 정해져 있기 때문이다. 이러한 속성들을 숫자들로 바꾸면 카드들을 가지고 연산을 수행할 수 있게 된다.

우리는 각각의 카드들에 4개 수로 이루어진 순서쌍을 대응시킬 것이다. 우리가 (임의로) 고른 방식은 [표 1.1]과 같다.

[표 1.1] 카드에 좌표를 부여하기

속성	값	좌표
개수	3, 1, 2	↔ 0, 1, 2
색깔	초록, 보라, 빨강	↔ 0, 1, 2
무늬	빈 무늬, 줄 무늬, 속이 찬 무늬	↔ 0, 1, 2
모양	다이아몬드, 둥근 모양, 꿈틀이	↔ 0, 1, 2

---

9) 미리 건너뛰어 읽으면, 책을 아주 빨리 끝낼 수 있을 것이다.

[그림 1.23] SET의 예

이러한 규칙[10]을 쓰면 '3개 보라 속이 빈 꿈틀이'는 좌표 (0, 1, 0, 2)에 대응한다. (0, 0, 0, 0)에 대응하는 카드는 무엇인가? 이것은 '3개 초록 속이 빈 다이아몬드'에 대응하는데, 이는 전혀 특별한 카드가 아니다. 이것은 우리가 대응 규칙을 임의로 정할 수 있다는 것을 보여주는데, 하지만 우리는 위의 대응 규칙을 책 전체에서 고수할 생각이다.

모듈로 연산은 종종 **시계** 연산이라 불린다. 여기에 당신이 이전에 본 적이 있을 법한 전형적인 문제가 있다.

📝 지금은 오전 10시 30분이다. 100시간 후에는 몇 시 몇 분인가?

답을 소개하겠다. (당신 스스로 해볼 수 있도록 잠시 눈을 다른 곳에 두기 바란다!) 먼저 지금이 오전 10시인 것처럼 가정한다. (풀이 마지막에 30분을 더할 것이다.) 우리는 10시가 자정으로부터 10시간이 지난 시간임을 안다. 100시간이 지나면 (같은) 자정으로부터 110시간이 지났을 것이다. 이제 24로 나눈 후 나머지를 살펴보자. $110 = 4 \times 24 + 14$이므로 우리는 지금이 자정으로부터 (4일이 지나고) 14시간이 지났음을 안다. 우리는 이를 $110 = 14 \pmod{24}$와 같이 쓴다.[11] 그러므로 시간은 오후 2시 30분이 될 것이다. (다른 방식

---

10) 혹시라도 독자들이 궁금할까 봐 언급하면, 색깔과 모양은 알파벳 순서로 숫자를 부여한 것이다. 우리는 이런 사람들이다.

11) 수학책에서는 일반적으로 = 대신 ≡를 써서 $100 \equiv 4 \pmod{24}$와

으로 풀면, $100 = 4 \times 24 + 4$ 시간을 더하는 것은 4일과 4시간을 현재 시간에 더하는 것과 같다. 이 방식도 24로 나누는 나머지를 사용한다.)

시계 문제에서 우리는 항상 $\mod 24$를 사용하는데, 하루가 24시간이기 때문이다. 우리의 최종 답이 0에서 23 사이에 있는 시간이 되려면 반드시 24로 나눈 후 나머지를 찾아야 한다. 모듈로 연산이란 나머지에만 관심을 가지는 것이다.

여기에서 모듈로 연산, 특별히 $\mod 3$이 SET 게임에서 유용한 이유를 설명하겠다. 당신이 좋아하는 **SET**, 예를 들면 [그림 1.23]에 있는 것과 같은 것을 하나 골라보자.

이 **SET**에 있는 카드들의 좌표는 어떻게 되는가? [표 1.1]의 대응 규칙을 이용하면 왼쪽에서 오른쪽 순서로 (0, 1, 2, 1), (0, 1, 2, 2), (0, 1, 2, 0)가 된다. 이 좌표들을 하나씩 모두 더하면 어떻게 되는가?

1. 첫 번째 좌표(개수 속성에 대응하는 수)를 더하면 $0+0+0+0 = 0 \pmod 3$이 된다.
2. 두 번째 좌표(색깔 속성에 대응하는 수)를 더하면 $1+1+1 = 3 = 0 \pmod 3$이 되는데, 3은 3으로 나누었을 때 나머지가 0이기 때문이다.
3. 세 번째 좌표(무늬 속성)를 더하면 $2+2+2 = 6 = 0 \pmod 3$이 되는데, 6은 3으로 나누었을 때 나머지가 0이기 때문이다.
4. 네 번째 좌표(모양 속성)를 더하면 $1+2+0 = 3 = 0 \pmod 3$이 된다.

그러므로 각각의 합은 $0 \pmod 3$이고, 세 카드의 좌표의 합은 $(0, 0, 0, 0) \pmod 3$이 된다.

같이 표현한다. 하지만 이 책에서는 이렇게 하지 않을 것이다.

[그림 1.24] **SET**이 아닌 예

만일 세 카드가 **SET**이 아니면 어떻게 되는가? [그림 1.24]에 있는 세 카드를 가지고 직접 계산해보기 바란다.

이 두 가지 예로부터 어떤 메시지를 찾을 수 있을까? 다음과 같은 놀라운 결과를 찾을 수 있다.

 기억할 메시지

- A, B, C가 **SET**을 이루는 세 장의 카드에 대응하는 세 개의 벡터이면, A+B+C=0 $(\mod 3)$이 성립한다.
- 역으로 A, B, C가 **SET**을 이루지 않는 세 장의 카드에 대응하는 세 개의 벡터이면 A+B+C≠0 $(\mod 3)$이 성립한다.

이것은 우리가 좌표를 어떤 규칙으로 부여했든지 **상관없이**, 만일 일관된 규칙을 사용했다면 (그리고 숫자를 0, 1, 2를 쓰고 $\mod 3$ 연산을 썼다면) 항상 성립하는 사실이다. 모듈로 연산은 이 책 전체에서 유용하게 사용될 것이다.

모듈로 연산의 강력한 유용성에 대한 마지막 코멘트를 하나 하고자 한다. 왜 [그림 1.24]의 카드들은 **SET**이 아닌가? 문제는 무늬 때문인데, 두 카드는 속이 비었으나 나머지는 속이 찼기 때문이다. 좌표들의 합은 (0, 0, 2, 0) $(\mod 3)$이며, 여기에서 0이 아닌 좌표는 세 번째인데, 이는 무늬에 대응한다. 이것은 8장에서 SET 게임을 오류-수정코드와 연결 짓게 된다.

보드게임 SET에
담긴 수학 1

심화된 주제들

이 책의 2권에서는 더욱 심화된 주제들을 다룬다. 여기에서 (대단히) 간단히 내용 소개를 한다. **아핀 기하**(Affine geometry)는 수학에서 대단히 중요한 아이디어이며, 많은 고전적인 정리들이 SET 게임으로 해석될 수 있다.

그 중 일부는 게임에 더 많은 속성을 추가하여 확장하는 것과 관련된다.

> SET은 4가지의 속성인 개수, 색깔, 무늬, 모양을 가지고 있다. 더 많은 속성을 추가하면 게임이 어떻게 변하는가?

5가지의 속성을 지닌 버전의 게임을 할 수 있는 한 가지 방법은 게임을 세 묶음 산 후, 예를 들어 한 묶음에는 모든 카드에 물방울 무늬를 그려 넣고 또 다른 하나의 묶음에는 모든 카드에 줄무늬를 그려 넣으면 된다.[12] 하지만 추상적으로 접근한다면 하나의 속성을 더하는 것은 아주 쉬운 일이다.

> $n > 4$가지의 속성이 있다고 해보자. SET은 얼마나 많이 존재하는가? 평면은? 높은 차원의 초평면은?

이러한 질문들에 대해서는 6장에서 답을 하겠다. 4개 이상의 속성을 고려하면 일반적인 공식을 얻게 되는데, 이러한 공식들은 고

---

12) 주의: 실제로 5가지의 속성을 지닌 게임을 해보면 정말로 머리가 아파진다.

전적인 수 세기 문제들과 관련이 된다.

n가지의 속성이 있으면, 서로 다른 n개 종류의 SET이 존재하게 되는데, 모든 속성이 다르던지, 하나만 빼고 모두 다르던지 등등이 그것이다.

> 각각의 종류에 해당하는 SET은 모두 몇 개가 있는가?

이것은 정확히 계산하기가 과도하게 어렵지는 않으며, 어떤 종류의 SET이 가장 흔할지, 어떤 종류가 가장 드물지에 대해서도 추측해 볼 수 있다. 이 질문들에 대한 답은 6장과 7장에서 주어진다.

마지막으로 유명한 미해결 문제를 n가지의 속성 게임으로 해석해 보면 다음을 얻는다.

> n가지의 속성 SET 게임에서 SET이 하나도 없는 카드 배열의 최대 카드 수는 얼마인가?

이 수는 (현재까지는) $n \leq 6$에 대해 알려져 있으나, 더 큰 수에 대해서는 전혀 모른다. 이 질문은 대단히 높은 수준의 연구 주제이고, 세계의 최상급 수학자들의 흥미를 끌고 있는 문제이다. 우리는 이 문제에 대해 9장에서 다루어 본다.

우리는 이 게임과 수학을 사랑하고, 이 책을 통해 당신이 SET (과 다른 게임)을 수학적인 관점에서 고찰하는 것을 자극하기를 기대한다. 수학의 모든 것(과 인생의 나머지)과 같이 당신이 세부적인 것을 직접 해볼 때 내용을 최고로 잘 이해할 수 있게 될 것이다.

> 보드게임 SET에
> 담긴 수학 1

각각의 장 끝에 있는 연습문제들은 우리들이 소개했던 아이디어들 일부를 당신 스스로 탐구할 수 있도록 기회를 제공한다. 일부 문제들은 단순 연습을 위해, 일부는 책의 뒤에서 탐구할 더 깊은 주제로 당신을 이끌기 위해 만들어졌다. 마음껏 즐기기를!

연 / 습 / 문 / 제

1.1. SET을 만드는 회사 사람들은 각각의 카드를 PDF 파일로 만들 때 약어 코드를 사용한다고 한다. 예를 들면 '3개 빨강 속이 빈 꿈틀이'(3 Red Empty Squiggles)는 줄여서 3ROS라 쓴다. (나름의 이유 때문에 "empty"의 "E"를 쓰지 않고 대신 "open"의 "O"를 사용한다고 한다.) 이러한 규칙에 의하면 많은 서양 종교의 근간을 이루는 코드 1GOD에 대응하는 카드는 무엇인가?

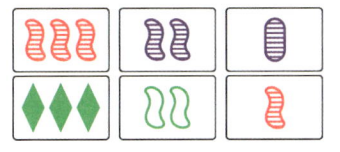

[그림 1.25] 연습문제 1.2.

1.2. [그림 1.25]와 같이 6장의 배열된 카드가 게임 끝에 남았다고 하자.

여기에 바보 같은 SET 트릭이 있다.[13]

- 여섯 장의 카드를 세 쌍으로 나눈다. 예를 들면 AB, CD, EF로 나누었다고 하자.
- 세 쌍의 카드들을 각각 **SET**으로 만드는 세 장의 카드 X,

---

13) 사실 전혀 바보 같지 않고, 대단한 트릭이다. 옛날에 David Letterman이라는 사람이 바보 같은 애완동물 트릭(Stupid Pet Tricks)이라는 밤 토크쇼를 진행했었는데, 그 이름을 따온 것이다.

Y, Z를 찾는다. (즉 ABX, CDY, EFZ가 각각 SET이 되는 것이다)
- 그러면 XYZ는 SET이 된다.

6장의 카드를 다양하게 세 쌍으로 나누어 이것을 확인해 보자. (세 쌍으로 나누는 경우의 수는 총 15가지가 되는데, 모두 해 볼 필요는 없다.) [이 트릭이 왜 성립하는지는 이후 4장에서 살펴볼 것이다.]

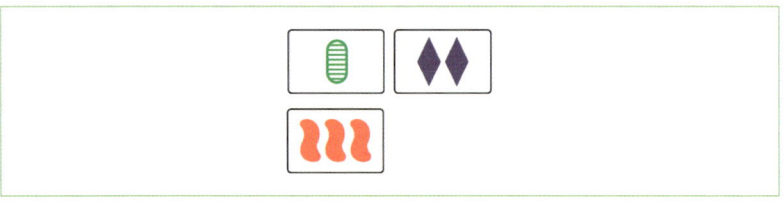

[그림 1.26] 연습문제 1.3.

1.3. [그림 1.26]과 같이 3장의 배열된 카드가 있다. 여섯 장의 카드를 추가하여 평면을 만드시오.

1.4. 서로 다른 14개의 SET을 포함하는 12장의 카드를 찾으시오. [**힌트** : [그림 1.19]에 있는 것처럼 평면을 이루는 9장의 카드에서 시작하시오. 이 문제는 나중에 프로젝트 5.1에서 다시 등장할 예정이다.]

1.5. 27장의 카드들이 초평면을 이루고 있다. 여기에는 얼마나 많은 SET이 들어있는가? [이 문제와 이의 일반화는 6장에서 다룰 것이다.]

[그림 1.27] 에밀리의 SET에서 타니야의 것으로 SET 사다리를, 왼쪽에서 오른쪽 순서로 만드시오.

1.6. 글자 사다리(Word ladders) 게임이란 단어에서 한 번에 한 글자만 바꾸면서 단어를 변형해 가는 게임이다. 전형적인 예로 COLD는 WARM으로 네 단계 만에 변형이 가능하다.

COLD → CORD → CARD → WARD → WARM

SET 사다리(SET ladder)는 하나의 SET을 한 번에 하나의 속성만 바꾸어 가면서 다른 SET으로 변형시키는 것이다. 단, SET 사다리에서는 각각의 단계에서 하나의 카드만 고정되어야 한다. 예를 들면 [그림 1.11]에서, 제일 위에 있는 SET이 아래로 변해갈 때 각각 색깔, 무늬, 모양이 변해간다.

a. [그림 1.27]에 있는 두 SET을 연결하는 SET 사다리를 찾으시오. (첫 번째 것은 에밀리가 1.1절에서 처음 찾은 SET이고, 두 번째는 타니야가 처음 찾은 것이다.)

b. 당신이 좋아하는 SET을 처음 시작하는 사다리의 첫 SET이라 두자. 다음 단계에 올 수 있는 SET은 총 몇 개가 가능한가?

c. 가장 긴 SET 사다리는 모두 몇 개 단계를 가지고 있는가? 연결하는 단계가 가장 긴 SET 사다리의 시작과 끝에 해당하는 SET의 예를 들어보시오.

d. 규칙을 바꿔보자! 당신이 원하는 방식대로 규칙을 바꾸고, 위와 같은 질문을 다시 던진다. 예를 들어, 색깔이 바뀔 때에는 한 카드가 고정될 필요가 없다고 가정해 보자. 그러면 모든 카드의 색이 빨강인 SET은 모두 초록인 SET으로 바뀔 수 있고, 모든 색이 다른 SET은 순환하는 사다리를 만들 수도 있게 된다.

또 다른 선택은 카드의 순서를 바꿀 수 있다고 놓는 것이다. 이러한 새로운 규칙들에 기반하여 [그림 1.27]의 두 SET 사이의 SET 사다리를 찾아보자. 특정한 하나의 SET 다음으로 올 수 있는 SET의 총 개수는 얼마인가? 두 SET을 연결하는 가장 긴 SET 사다리의 거리는 얼마인가?

[그림 1.28] 연습문제 1.7, 연습문제 1.8

1.7. [그림 1.28]에 SET이 아닌 예가 하나 있다.

    a. 어떤 속성이 잘못되어 SET이 아닌가? (속성이 "잘못"되었다는 뜻은, "두 카드가 같은 속성을 가지고 하나만 다를 때"를 의미한다.)

    b. 세 장의 카드의 좌표를 찾아보자.

c. 이 카드들의 좌표를 mod 3으로 더해서 그 결과를 X라 두자. X에서 좌표가 0이 아닌 위치를 찾자. 이 위치와 속성이 잘못된 것 사이에는 어떠한 관계가 있는가?

d. 게임 도중에 이 세 장의 카드를 실수로 **SET**으로 고를 가능성이 있을까? 자신의 생각을 설명해보자.

1.8. [그림 1.28]의 세 장의 카드는 **SET**이 아니다. 이 세 장의 카드를 왼쪽부터 각각 A, B, C라 두자.

a. 카드 A('2개 초록 속이 빈 둥근 모양')를 카드 D로 바꾸어 BCD가 **SET**이 되도록 하자. A와 D에서 서로 다른 속성의 개수를 찾아보자.

b. 이제 (a)에서 했던 작업을 B 카드에 대해 반복(카드 B를 E로 바꾸어 ACE가 **SET**이 되도록 함)하고 C 카드에 대해서도 반복(카드 C를 F로 바꾸어 ABF가 **SET**이 되도록 함)하자. B와 E는 몇 가지의 속성이 다른가? C와 F는?

c. 다음이 참인지 거짓인지 판별하여라.
   • 3개 쌍 AD, BE, CF 각각이 가진 서로 다른 속성의 개수는 모두 같다.
   • D, E, F는 **SET**을 이룬다.

보드게임 SET에 담긴 수학 1

마지막 카드 게임 질문에 대한 정답

- [그림 1.13]: 감춘 카드는 '2개 보라 줄무늬 다이아몬드'이고, 이 카드와 남아있는 카드들이 이루는 SET의 개수는 2개이다.
- [그림 1.14]: 감춘 카드는 '1개 빨강 줄무늬 다이아몬드'이고, 이 카드와 남아있는 카드들이 이루는 SET은 없다.

CHAPTER
02

개수 세는 것은 재미있어!

보드게임 SET에 담긴 수학

2.1 도입

당신의 친구 사만타(Samantha), 이탄(Ethan), 타티아나(Tatiana)가 SET 게임을 하고 있다. 이들은 당신을 개수 세는 것과 게임의 즐거운 세계로 이끌어줄 것이다.

이탄 : 책 속에 들어오게 되어 신난다, 얘들아!

타티아나 : 나도 그래. 그런데 첫 장에서 나왔던 스테판, 에밀리, 타니야는 어떻게 되었어?

이탄 : 내 생각에는 그 친구들이 **SET**이 되어서 꺼내졌고, 우리가 대신하게 된 것 같아.

사만타 : 이 장이 끝나게 되었을 때 우리들이 어찌 될지 걱정해야 하지 않을까?

이탄 : 아마도 우리는 대체되어서 세계멸망 이후에 벌어질 로맨틱 코미디 경찰 버디 장르 소설 같은 곳에 가게 될지도 몰라!

타티아나 : 아마 네가 그런 소설을 쓸 때까지 기다려야 할지도 모르겠네. 지금 우리는 SET에 관한 책 속에 있어.

사만타 : 정말 잘 됐네, 왜냐하면 나는 첫 장에서 나왔던 개수 세는 문제에 끌렸거든.

타티아나 : 예를 들어 어떤 것들?

사만타 : 음, SET의 총 개수를 어떻게 세는지, 그리고 각각의 종류에 해당하는 **SET**은 몇 개나 있는지? 이것들을 어떻

게 알 수 있을까? 나는 알고 싶은 게 아주 많아!

이탄 : 자, 게임 한 묶음 안에 있는 SET의 개수를 세는 방법을 알게 되면, 이 방법을 이용해서 아주 많은 것들을 알 수 있게 돼. 예를 들면 각각의 종류에 해당하는 SET의 개수나, 각각의 확률, 그리고 더욱 수준 높은 수학과 관련된 많은 내용들 말이야. 그러면 시작해보자!

2.2 기본적인 개수 세는 문제들

조합론(combinatorics)이란 개수를 세는 것을 다루는 수학 학문이다. "조합론"이란 이름은 "조합"이라는 단어에서 유래하였는데, 곧 정의를 보게 될 것이다. 개수 세는 문제들은 수학의 모든 분야에서 나타나며, 여기에서 설명할 방법들은 다른 많은 분야에서 활용될 수 있다. 시작하며 먼저 SET을 다루는 일반적인 책[14]에서 당신이 접할 만한 질문을 살펴보자. 사만타는 여러 가지 질문을 했는데, 다음은 그 중 첫 번째 것이다.

> **질문 1**
> 게임 한 묶음 속에는 모두 몇 장의 카드가 있는가?

1장에서 언급한 바와 같이, 총 네 가지 속성이 존재하고 각각의 속성은 세 가지 표현을 가진다. 하지만 이것이 왜 $3 \times 3 \times 3 \times 3 = 3^4$장의 카드를 의미하는가? 이것은 조합론에 나오는 개수 세는 가장 본질적인 원리인 곱의 법칙(어떤 경우에는 개수 세기의 기본정리라 부르기도 한다)의 한 멋진 응용이라 할 수 있다.

답을 이해하기 위한 가장 중요한 포인트는 각각 표현된 속성에 해당하는 카드 수가 모두 동일하다는 것이다. 예를 들어 색깔을 보

---

14) 예를 들면 이 책?

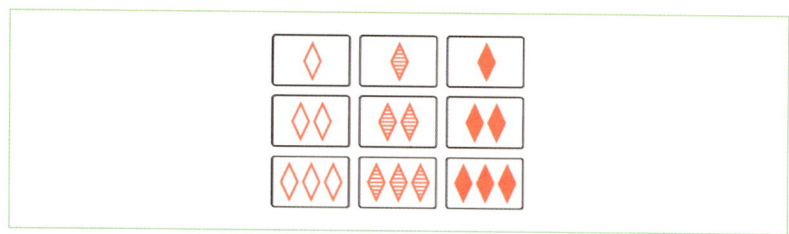

[그림 2.1] 빨강 다이아몬드가 그려진 모든 카드

면, 빨강 카드들의 수는 초록 카드들이나 보라 카드들과 동일하다. 마찬가지로, 모양의 경우, 다이아몬드 카드는 둥근 모양 카드나 꿈틀이 카드와 같은 수가 있고, 이는 개수나 무늬 속성에 대해서도 마찬가지이다.

그러므로 먼저 한 가지 속성인 색깔에 대해 생각하고, 특별히 빨강 카드에 초점을 맞추자. 이제 빨강 카드들을 모양으로 나눌 수 있는데, 모양으로 다이아몬드를 선택하자. 게임 한 묶음에는 몇 장의 빨강 다이아몬드 카드가 있는가? [그림 2.1]에 모든 카드가 나와 있다. 하나의 기호를 가진 카드는 총 세 장 (속이 빈 것, 줄무늬, 속이 찬 것)이 존재한다. 2개 기호를 가진 빨강 다이아몬드 카드는 모두 몇 장인가? 3개 기호를 가진 빨강 다이아몬드 카드는? 물론 각각은 모두 세 장이므로, 빨강 다이아몬드 카드의 총 개수는 $3 \times 3 = 9$장이 된다.

이제 빨강 꿈틀이 무늬 카드와 빨강 둥근 모양 카드도 각각 9장씩 있기 때문에, 모두 합쳐서 $9 \times 3 = 27$장의 빨강 카드들이 있다. 이제 초록과 보라 카드들을 포함시키면 모두 $27 \times 3 = 81$장의 카드가 게임 한 묶음 속에 있게 된다.

곱의 법칙의 예를 들면, 다음 영어 문장의 빈칸을 채우는 것을 생각해 보자.

My _____ _____ is _____ _____.
        1   2   3   4

당신은 아래 표에 있는 단어를 골라서 위의 문장을 채울 수 있다고 하자.

1	2	3	4
tall	dentist	usually	confused
friendly	neighbor	not	obnoxious
disgruntled	aunt	often	screaming

서로 다른 문장을 얼마나 많이 만들 수 있는가? 만일 당신이 표의 각 열에서 어떤 것도 뽑을 수 있다고 한다면, 가능한 문장의 개수는 $3 \times 3 \times 3 \times 3 = 81$개가 될 것이다. 예를 들어, "My tall neighbor is not screaming"은 81개 가능한 문장 중 하나가 될 것이다.

위의 문장을 만드는 표를 다른 표로 바꾸어서 생각해보자.

1	2	3	4
1	초록	속이 빈	다이아몬드
2	보라	줄무늬	둥근 모양
3	빨강	속이 찬	꿈틀이

이제 카드 한 묶음 속에 81장의 카드가 있어야 한다는 사실이 명확해 보일 것이다. 이제 사만타의 첫 질문으로 돌아가 보자.

[그림 2.2] 이 3개의 SET은 서로 같은 SET이다.

> **질문 2**
> 81장의 카드에는 모두 몇 개 SET이 존재하는가?

이 문제는 조합론의 또 다른 계산 방법을 사용해야 한다. 모든 SET의 개수를 구하려면 우리는 **순열**(permutation)과 **조합**(combination)을 이해해야 한다. 예를 들어, 사만타와 이탄과 타티아나가 모두 12명의 친구를 가지고 있고, 두 명의 친구를 뽑아서 비밀의 방에서 케이크를 대접하려 한다. 먼저 티아나를 뽑은 후 다음으로 실비아를 뽑는 것은, 먼저 실비아를 뽑은 후 다음으로 티아나를 뽑는 것과 조금도 다르지 않은데, 그 결과로 실비아와 티아나 모두 케이크를 먹을 수 있게 되기 때문이다. 하지만 첫 번째 뽑힌 사람이 케이크 전체를 다 먹고 두 번째 뽑힌 사람은 조그마한 컵케이크를 먹게 된다면, 실비아와 티아나 중에서 누가 먼저 뽑히느냐는 중요한 문제가 된다. 이것이 순열이다.[15]

---

15) 이 순열은 두 번째 뽑힌 사람이 불공평하다고 생각할 만하다.

A. 순서가 중요하지 않고 단지 사람들이나 물건들의 그룹이나 부분집합을 뽑을 때, 우리는 **조합**(combinations)이라고 한다.
B. 순서가 중요해서 사람들이나 물건들의 순위를 매길 때 우리는 **순열**(permutations)이라고 한다.

모든 SET의 개수를 구할 때에는 순서가 중요하지 않다. 여기에 그 이유를 소개한다. [그림 2.2]와 같이 사만타, 이탄, 타티아나가 각각 SET을 마음속[16]으로 만들었다고 하자.

당연히 이것들은 동일한 SET이 세 번 나열된 것이기 때문에, SET을 만들 때는 순서가 중요하지 않다. 사만타와 이탄과 타티아나가 똑같은 SET을 다른 순서로 뽑을 수 있는 개수는 모두 몇 개인가?

첫 번째 카드를 뽑을 때 3가지 경우가 있고, 두 번째 카드는 2가지 경우, 마지막 카드는 유일하게 결정된다. 이것은 카드 세 장의 순열이 되는데, 그러므로 카드의 순서는 3 × 2 × 1 = 6가지가 있다.

이제 우리는 카드 한 묶음 속에 있는 모든 SET의 개수를 구할 준비가 되었다. 순서가 중요하지 않기 때문에 조합이 될 것이다. 우리는 먼저 세 카드를 순서대로 뽑는 경우의 수를 센 후, 사만타와 이탄과 타티아나가 위에서 구했던 경우의 수로 나누어 줄 것이다.

1. SET의 첫 번째 카드를 뽑을 때는 몇 가지 경우가 있는가? 카드 한 묶음에 81장의 카드가 있으므로 총 81가지 경우가 있다.
2. 첫 장을 뽑았다면, 두 번째 카드를 뽑는 경우의 수는 모두 얼마인가? 한 장의 카드를 없앴기 때문에 총 80가지 경우가 있다.

---

16) 이것을 마음가짐(mindset)이라 부를 수 있을 것이다. (역자주 : 영어 말장난이다)

3. 세 번째 카드는 어떠한가? SET의 기본정리에 의하면 주어진 임의의 두 장의 카드에 대해 두 장의 카드를 포함하는 SET을 만드는 세 번째 카드는 단 하나가 존재한다. 이것은 곧 세 번째 카드는 유일하게 존재함을 의미한다.

그러므로 세 장의 카드를 순서대로 뽑아서 SET을 만드는 경우의 수는 81 × 80 × 1 = 6480이다. 하지만 이것이 모든 SET의 개수는 아닌데, 사만타와 이탄과 타티아나가 보인 바와 같이 이 방법은 하나의 SET을 6번씩 세었기 때문이다. 그러므로 모든 SET의 개수는

$$\frac{81 \times 80 \times 1}{3 \times 2 \times 1} = 1080$$

이다.

이제 모든 SET의 개수를 구했기 때문에, 마지막 개수 세는 문제로 이번 절을 마무리할 예정인데, 이 문제는 서로 다른 두 가지 방법으로 답을 제시할 예정이다.

> **질문 3**
> 주어진 한 카드를 포함하는 SET은 모두 몇 가지인가?

임의로 카드를 한 장 뽑는다. 한 장을 뽑고 나면 80장의 카드가 남는데, 한 장의 카드를 더 뽑는다면 SET의 기본정리에 의해 두 장의 카드를 포함하는 SET을 만드는 세 번째 카드는 단 하나가 존재한다. 그러므로 80장의 카드는 $\frac{80}{2} = 40$개 쌍으로 나눌 수 있는데, 각각의 쌍은 처음 카드와 SET을 이룬다.

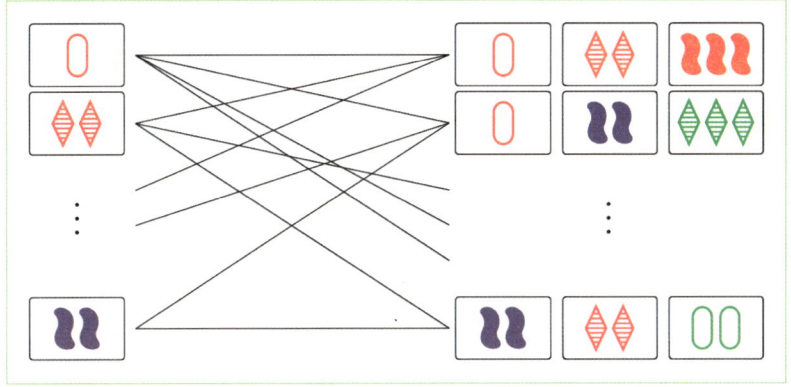

[그림 2.3] 카드들과 SET 사이의 관계

주어진 한 카드를 포함하는 SET은 모두 몇 개인지를 구하는 또 다른 방법

수학자들은 자주 똑같은 것을 두 가지 방법으로 세는 것을 좋아하는데, 왜냐하면 두 가지 다른 방법이 새로운 공식들[17]이나 새로운 문제에 대한 답을 줄 때가 있기 때문이다. 우리는 주어진 한 카드를 포함하는 SET의 개수를 **근접 세기(incidence counting)** 방법으로 계산할 것인데, 이 방법은 멋진 조합론적인 사고를 보여준다. 우리는 이 방법을 이 책의 다른 부분에서도 활용할 예정인데, 특별히 더 복잡한 개수 세기에서 사용할 것이다.

우선 우리는 근접 그래프를 그리려 하는데, 이는 왼쪽에 사물들의 그룹을, 오른쪽에는 다른 사물들의 그룹이 놓여 있는 그림이다. 그런 후 한쪽 사물에서 다른 쪽 사물을 연결하는 선을 그리는데, 이 선은 두 사물과의 관계를 나타낸다.

---

[17] 공식들은 영어로 formulas인데, 라틴어 표현으로는 formulae라 한다.

우리의 근접 그래프는 [그림 2.3]에 있다. 왼쪽에는 모든 81장의 카드를 나열한다.[18] 오른쪽에는 모든 SET 1080개를 나열한다. 오른쪽에 있는 SET이 왼쪽에 있는 카드를 포함할 때 우리는 둘을 잇는 선분을 그린다. 그러면 오른쪽에 있는 하나의 SET은 왼쪽에서 세 장의 카드와 연결된다. 하지만 왼쪽의 한 카드는 아직은 알 수 없는 개수(왜냐하면 우리는 주어진 카드를 포함하는 SET의 개수를 아직 모른다고 가정하고 있기 때문이다)의 SET에 대응한다. 이 개수를 x라 하자.

여기에서 아름다운 관계를 찾을 수 있다. 양쪽을 연결하는 선의 개수는, 당신이 어떠한 방법으로 선의 개수를 세는지에 관계없이 항상 일정하다. 오른쪽에서 보면 1080개 SET에는 각각 3개 선이 도착하고 있으므로, 모든 선의 개수는 1080×3개다.

반면에 왼쪽에서 본다면 81장의 카드에서는 x개 선이 출발하고 있다. 그러므로 선의 개수는 $81 \times x$개다. 선의 개수는 동일하기 때문에 다음을 얻는다.

$$81 \times x = 1080 \times 3,$$
$$x = 40$$

결국 한 장의 카드가 40개 SET에 포함되어 있다는 사실을 다시 확인할 수 있었다. 더욱 중요한 것은, 우리는 새로운 개수 세는 방법을 가지게 되었다는 것이다.

---

18) 사실 우리가 모든 카드를 나열하지는 않았지만, 모두 나열했다고 상상하자. 수학자들은 너무 많은 항목을 나열해야 할 시간을 줄이기 위해 …기호를 쓴다.

2.3 조금 더 발전된 개수 세는 질문들

사만타 : 우리는 똑똑한 것 같아, 아주 많은 것들을 알아냈잖아!
이탄 : 내 생각에는 저자가 도움을 준 것 같아. 아주 많이.
타티아나 : 그럴 리가 있나. 아무튼 나는 다른 개수 세는 문제들을 더 알고 싶어. 우리는 모두 1080개 **SET**을 가지고 있잖아, 맞지? 그중 세 속성이 같고 한 속성만 다른 것은 모두 몇 개 있을까? 다른 경우들은 어떨까?

타티아나의 질문은 3장에서 확률을 살펴볼 때 아주 중요하기 때문에, 이 질문은 바로 해결하려 한다.

우선 특정 계산들은 앞으로 대단히 유용하게 쓰이기 때문에 특별한 이름과 기호를 가지고 있다. 3개 물건을 순서대로 나열하는 경우의 수는 "3 팩토리얼"이라 읽는데, 느낌표를 써서[19] 다음과 같이 표현한다.

$$3! = 3 \times 2 \times 1$$

우리는 지난 절에서 카드 한 묶음 속에 있는 모든 **SET**의 개수를 구할 때 이것을 사용했었는데, 세 장의 카드를 나열하는 경우의 수가 3!이기 때문에 3! = 6으로 수를 나누었다.

팩토리얼은 조합론의 다른 중요한 공식들에서도 사용된다. 예를 들면 81장인 전체 묶음에서 세 장의 카드(**SET**일 수도 있고 아닐 수

---

19) 보자, 수학은 흥미진진하다!

도 있다)를 뽑는 경우의 수는 조합인데, 순서가 중요하지 않기 때문이다. 우리는 "81에서 3개를 뽑는다"라 읽고 $\binom{81}{3}$이라 쓴다.[20] 계산 방법은 이전과 같다. 81장의 카드 중 첫 번째를 뽑고, 80장의 카드에서 두 번째, 79장의 카드에서 세 번째 카드를 뽑는다. 하지만 이러한 계산 방법은 이전과 마찬가지로 동일한 세 카드를 3!만큼 다르게 계산했다. 그러므로

$$\binom{81}{3} = \frac{81 \times 80 \times 79}{3 \times 2 \times 1} = 85,320$$

을 얻는다. 일반적인 n과 k에 대한 공식은 다음과 같다.

$$\binom{n}{k} = \frac{n!}{k! \times (n-k)!}$$

이 공식을 이용해서 $\binom{81}{3}$을 다시 계산해 우리가 이전에 얻은 식과 같은지 확인해 보자.

$$\binom{81}{3} = \frac{81!}{3! \times (81-3)!} = \frac{81!}{3 \times 78!}$$
$$= \frac{81 \times 80 \times 79 \times \cancel{78} \times \cancel{77} \times \cdots \times \cancel{2} \times \cancel{1}}{3 \times 2 \times 1 \times \cancel{78} \times \cancel{77} \times \cdots \times \cancel{2} \times \cancel{1}}$$
$$= \frac{81 \times 80 \times 79}{3 \times 2 \times 1}$$
$$= 85,320$$

분자와 분모가 어떻게 약분되었는지에 주목하라. 이 공식은 타티아나의 질문에 답할 때 유용하게 사용될 것이다.

---

[20] 우리나라에서는 $_{81}C_3$과 같이 표현한다.

[그림 2.4] 심심한 카드: 1개 빨강 속이 빈 둥근 모양

질문 4
1, 2, 3, 4가지 속성이 다른 SET은 각각 몇 개가 있는가?

타티아나의 질문은 사실 서로 다른 네 질문이라 볼 수 있는데, 각각의 경우에 해당되는 4개의 숫자가 필요하며, 이 네 숫자의 합은 카드 한 묶음에 있는 모든 SET의 개수의 합인 1080이 되어야 한다.

우리는 카드를 표현하는 더 간편한 방법이 필요하다. 여기 한 가지 방법을 제안한다. 주어진 81장의 카드가 가진 각각의 속성에 4개 좌표를 대응시킨다. (이차원 평면에서 좌표를 (x,y)라 두는 것에 이미 익숙할 것이다. 여기에서는 동일한 아이디어이지만, 사차원으로 높여 (x,y,z,w)를 사용한다.) 각각의 좌표는 4가지의 속성에 대응한다.

- 개수 (개＝1, 2, 3)
- 색깔 (색＝초, 보, 빨)
- 무늬 (무＝빈, 줄, 찬)
- 모양 (모＝다, 둥, 꿈)

각각의 카드들은 유일한 좌표 (개, 색, 무, 모)에 대응한다. [그림 2.4]에 있는 카드는 (1, 빨, 빈, 둥)에 대응한다.

주어진 개수의 속성이 다른 SET의 개수를 구하기 위해서는 먼저 한 장의 카드를 고르는 것으로 시작해야 한다. 그 후 원하는 개수만큼 속성이 다른 SET을 만들기 위한 두 번째 카드를 뽑아야 한다. 이전과 마찬가지로 처음 뽑을 수 있는 카드는 81장이 있다. 이것은 우리의 모든 계산이 $81 \times x$ 모양이어야 하며, x는 우리가 추가하는 조건에 따라 결정된다. 이제 카드 한 장을 뽑았다고 생각하고 필요한 조건을 추가하도록 하자. 사만타와 이탄과 타티아나가 모두 빨간색 카드에 매료된 것 같으니, '1개 빨강 속이 빈 둥근 모양' 카드를 뽑았다고 해보자.

이제 개수를 세보자.

네 속성이 모두 다른 경우

우리는 (1, 빨, 빈, 둥)을 첫 카드로 뽑았다. 두 번째 카드를 뽑을 때에는 몇 가지 가능성을 배제해야 하는데, 구체적으로는 하나의 기호만 가진 카드 전부와 빨강 카드 전부, 속이 빈 카드 전부, 둥근 모양 카드 전부를 배제해야 한다.

이로부터 개수에 두 가지 선택지와 색깔에 두 가지 선택지와 무늬에 두 가지 선택지와 모양에 두 가지 선택지를 가지게 된다.

속성:	개수	색깔	무늬	모양
	↓	↓	↓	↓
선택지 수:	2 ×	2 ×	2 ×	2

그러므로 아무 속성도 공유하지 않는 두 카드를 **순서대로** 선택하는 경우의 수는 $81 \times 2 \times 2 \times 2 \times 2 = 1296$가지이다. (여기에서 곱의

법칙을 사용함에 주목하자.) 마무리하기 위해 SET의 기본정리에 도움을 요청하자. 두 장의 카드를 뽑으면 자동적으로 SET이 결정된다. 더구나 유일하게 결정되는 세 번째 카드는 나머지 두 장의 카드와 모든 속성이 다른데, 그것이 SET의 규칙이기 때문이다.

타티아나 : 숫자가 너무 커. SET의 총 개수보다 많은 걸.
사만타 : 그건 괜찮아. 모든 SET이 여러 번 세어진 걸 잊지 마.
타티아나 : 마치 똑같은 SET인데 순서만 다른 것을 뽑았던 것처럼 말이지!
이탄 : 맞아! 우리는 여러 번 세어진 걸 보정하기 위해 3! = 6으로 나누어야 해.

이탄이 옳다. 우리는 SET을 어떠한 규칙으로 뽑던지 상관없이, 반복된 SET을 없애려면 **반드시** 3! = 6으로 나누어야 한다. 그러므로 모든 속성이 다른 SET의 총 개수는

$$\frac{81 \times (2 \times 2 \times 2 \times 2)}{6} = 216$$

이다.

> 보드게임 SET에
> 담긴 수학 1

하나의 속성이 같고 세 가지는 다른 경우

우리는 위와 동일한 아이디어를 사용할 수 있으나, 이번에는 하나의 속성을 유지해야 한다. 하나의 속성을 뽑아서 고정시켜야 하고, 그 후 다른 것을 뽑으면 어떻게 되는지 살펴보자. 우리의 심심한 카드 (1, 빨, 빈, 둥)를 생각하고, 개수는 고정시킨 채 다른 속성들을 모두 바꾸어보자. 심심한 카드는 1개 기호를 가지고 있기 때문에, 우리가 뽑을 카드들은 **반드시** 1개 기호만을 가지고 있어야 한다.

이는 개수에 대해서는 아무런 선택의 여지가 없다는 것을 의미한다. 그리고 다른 속성들이 모두 다르려면, 색깔과 무늬와 모양에는 각각 두 가지 선택지가 있다는 것이다. 그리고 잊지 말아야 할 것은 일단 두 장의 카드를 고르고 나면 **SET**을 만드는 세 번째 카드는 유일하게 결정된다는 사실인데, (SET의 기본 정리) 그 카드는 1개 기호를 가지고, 다른 속성은 모두 다르게 된다.

```
개수        색깔        무늬        모양
 ↓           ↓           ↓           ↓
 1    ×     2     ×     2     ×    2.
```

이것은 첫 속성을 고정한 채로 세 장의 카드를 뽑는 경우의 수가 총 $81 \times 1 \times 2 \times 2 \times 2$임을 보여준다. 만일 우리가 개수 대신 색깔 속성을 고정한다면 어떻게 될까? 우리는 아래와 같은 다른 그림을 얻게 될 것이다.

```
개수            색깔            무늬            모양
 ↓              ↓              ↓              ↓
 2      ×       1      ×       2      ×       2.
```

카드에는 네 가지 속성이 있고, 우리는 그중에 오직 하나만 고정시킬 것이다. 어디서 들어본 것 같을 것이다…

$$\binom{4}{1} = \frac{4!}{1! \times (4-1)!} = 4$$

우리는 $81 \times (1 \times 2 \times 2 \times 2)$에 $\binom{4}{1} = 4$를 곱할 것인데, 왜냐하면 하나의 속성을 고정시켰을 때 경우의 수가 일정(하지만 곱해지는 순서는 달라진다)하기 때문이다. 그리고 위에서 다루었던 바와 같이 서로 다른 순서를 상쇄하기 위해 3!로 나눌 것이다. 그러므로 하나의 속성이 동일한 SET의 개수는 다음과 같다.

$$\frac{81 \times (1 \times 2 \times 2 \times 2) \times \binom{4}{1}}{6} = 432$$

2가지의 속성이 같고 2가지는 다른 경우

기본 아이디어는 이미 앞에서 했던 것과 동일하다. 첫 번째 카드에는 81가지 경우의 수가 존재하고, 두 번째 카드에는 2가지의 속성이 같고 2가지의 속성이 달라야 한다. 2가지의 속성을 뽑는 경우의 수는 $\binom{4}{2}$가지이고, 각각의 경우는 순서가 있는 SET $81 \times 1 \times 1 \times 2 \times 2$개를 결정한다.

[표 2.1] 개수를 정리한 표 (전체 개수에 대한 비율 포함)

SET의 종류	개수	비율	퍼센트
속성 모두 다름	216	$\frac{216}{1080}$	20%
속성 3가지 다름	432	$\frac{432}{1080}$	40%
속성 2가지 다름	324	$\frac{324}{1080}$	30%
속성 1가지 다름	108	$\frac{108}{1080}$	10%
전체	1080	$\frac{1080}{1080}$	100%

그러면 SET의 기본정리에 의해 이 두 카드로 결정되는 SET은 2가지의 속성만 동일한 것이 된다. 마지막으로 3!으로 나누면 2가지의 속성만 다른 SET의 총 개수가 얻어진다.

$$\frac{81 \times (1 \times 1 \times 2 \times 2) \times \binom{4}{2}}{6} = 324$$

 3가지의 속성이 같고 하나만 다른 경우

또 한 번, 앞에서 했던 두 가지 경우와 거의 동일한 계산을 할 수 있다. 세 가지 속성이 같은 SET의 개수는

$$\frac{81 \times (1 \times 1 \times 1 \times 2) \times \binom{4}{3}}{6} = 108$$

이다.

그런데 마지막 경우에 대해서는 편법이 가능한데, 이를 편법이라 여기지 말고 답을 검증한다고 생각하자. 전체 **SET**의 개수가 1080개이고 앞의 세 파트의 개수를 모두 알고 있다. 그렇기 때문에 세 가지 속성이 같은 **SET**의 개수는

$$1080 - (216 + 432 + 324) = 108$$

이 되어야 한다. 108개는 위에서 구한 것과 일치한다. (그래서 다행이다.) 우리의 결과들은 [표 2.1]에 요약해 두었다. 3장에 대한 사전 연습으로 우리는 각 종류의 **SET**에 대한 퍼센트를 추가하였다.

2.4 파스칼 삼각형: 쉬어가기

```
                    1
                  1   1
                1   2   1
              1   3   3   1
            1   4   6   4   1
          1   5  10  10   5   1
        1   6  15  20  15   6   1
      1   7  21  35  35  21   7   1
    1   8  28  56  70  56  28   8   1
```

[그림 2.5] 파스칼 삼각형

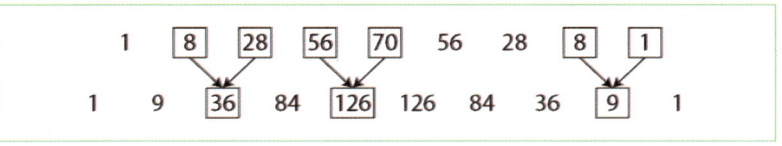

[그림 2.6] 파스칼 삼각형의 여덟 번째 줄에서 아홉 번째 줄을 구하는 방법

타티아나 : n개에서 k개를 뽑는다는 아이디어에 빠져들 것 같아.

이탄 : 그건 네가 질문을 했기 때문이잖아.

사만타 : 그런데 나는 왜 타티아나가 이 아이디어를 좋아하는지 알 것 같아. 깔끔하잖아. 이 수들이 다른 곳에서도 사용될 수 있는지 궁금해.

우리는 사만타의 의견에 동의하며, 지금이 파스칼 삼각형을 살펴볼 적절한 시간이다.

[그림 2.5]에서 볼 수 있듯이, 각각의 행은 1로 시작해서 1로 끝이 나고, 행의 중간에 있는 수들은 바로 위 행의 대각선 위에 있는 두 수의 합으로 만들어진다. 예를 들면 [그림 2.6]은 아홉 번째 행에서 몇 가지 수들이 만들어지는 과정을 보여주고 있다.

타티아나 : 이 삼각형을 어떻게 만드는지는 알겠는데, 이것이 내 멋진 $\binom{n}{k}$와 무슨 관련이 있는지 모르겠어.

사만타 : 자, 삼각형 속의 숫자들을 살펴보자. 이 삼각형이 너의 질문 때문에 등장한 것이라면 무엇인가 관련이 분명히 있을 거야.

이탄 : 맞아, 우리는 조합을 계산하는 방법을 알고 있기 때문에, 몇 가지 계산을 해서 무슨 일이 벌어지는지 살펴보자.

이탄의 아이디어가 좋으므로, $\binom{n}{k}$를 몇 개 계산해 보자.

$$\binom{9}{1} = \frac{9!}{1! \times (9-1)!} = 9$$

$$\binom{9}{2} = \frac{9!}{2! \times (9-2)!} = 36$$

$$\binom{9}{3} = \frac{9!}{3! \times (9-3)!} = 84$$

타티아나 : 알겠어, 패턴이 보인다. 만일 1을 모두 무시한다면 파스칼 삼각형의 n행의 k번째 원소가 $\binom{n}{k}$이 되네.

사만타 : 그런데, 행 처음과 끝에 있는 1들은 무엇이지?

이탄 : 그리고 왜 네가 9번째 행이라 부르는 곳에는 총 10개 수가 놓여 있는 것일까?

[그림 2.6]에 있는 과정은 **파스칼 점화식**이라 불리는 다음 관계식으로 표현된다.

$$\binom{n}{k} = \binom{n-1}{k-1} + \binom{n-1}{k}$$

이 관계식은 삼각형 안에서 $1 < k < n$일 때에만 성립하는데, 왜냐하면 행 시작과 끝에 있는 1에는 대응하는 수가 없기 때문이다. 이 수들은 $\binom{n}{0}$과 $\binom{n}{n}$으로 표현된다. 그러면 $\binom{n}{0}$과 $\binom{n}{n}$은 명백히 1이 되어야 하겠지만, 왜 그렇게 될까? 생각해 본다면, 9개에서 아무 것도 뽑지 않는 방법은 하나밖에 없고, 9개에서 9개를 모두 뽑는 방법도 하나밖에 없기 때문에 우리는 $\binom{n}{0} = \binom{n}{n} = 1$을 기대할 수 있다. 자, 이제 $k=0$이고 $k=n$일 때 $\binom{n}{k}$의 공식을 살펴보자.

$$\binom{n}{0} = \frac{n!}{0! \times (n-0)!} = \frac{n!}{0! \times n!} \text{ 이고}$$

$$\binom{n}{n} = \frac{n!}{n! \times (n-n)!} = \frac{n!}{n! \times 0!}$$

두 공식에서 1을 얻기 위해서는(그리고 이것이 옳은 답이다) $0! = 1$이 성립해야 한다. 다행스럽게도 수학계에서는 우리들의 생각에 동의하고 있다.

$$0! = 1$$

다시 말하지만, 이것은 아무것도 나열하지 않는 경우의 수가 한 가지뿐이라는 방식으로 정당화할 수도 있다.[21]

이탄 : 그래서 모든 행의 첫 원소들은 모두 $k = 0$에 대응하는구나.

사만타 : 그래, 그래서 각 행을 조합을 이용해서 다음과 같이 쓸 수 있어.

$$\binom{n}{0} \binom{n}{1} \binom{n}{2} \cdots \binom{n}{n-2} \binom{n}{n-1} \binom{n}{n}$$

타티아나 : 너무 좋아! 이제부터는 파스칼 삼각형의 15번째 행 8번째 수를 구하려면, 모든 행을 다 쓸 필요 없이 $\binom{15}{8}$만 계산하면 되는 거잖아.

사만타 : 8번째 수가 9번째 자리에 있다는 것만 잊지 않으면 돼.

타티아나 : 나를 헷갈리게 하려는 거야?

사만타 : 아니, 0이 너를 헷갈리게 하는 거야!

파스칼 삼각형은 멋지고, 개수 세는 문제와 확률 문제에 대단히 유용하게 사용된다. 이 수들에 대해서는 6장에서 다시 다루기로 한다.

---

[21] 또 다른 설명을 추가하면, 만일 $0! \neq 1$이면 많은 수학 공식들이 성립하지 못하게 된다.

2.5 발전된 개수 세는 문제들

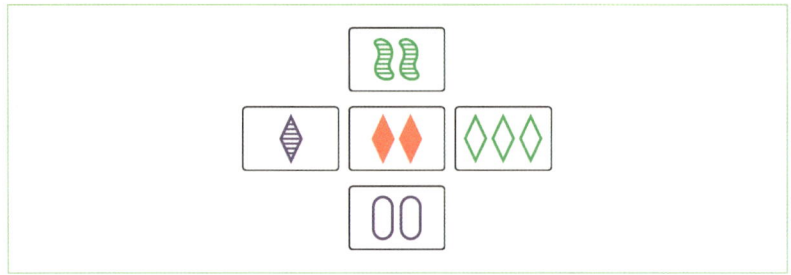

[그림 2.7] '2개 빨강 속이 찬 다이아몬드'를 포함하는 2개 SET

사만타 : 개수 세는 게 정말 좋아. 더 발전된 문제들은 없을까?
이탄 : 그래, "교차SET(interset)이 얼마나 있는가?"라던가 "주어진 카드를 포함하는 교차SET은 몇 개가 있는가?" 같은 것들.
타티아나 : 그리고 평면의 개수도!
사만타 : 아주 좋은 질문들인 것 같은데, 나는 "교차SET"이 무엇인지, 그리고 SET에서 "평면"을 어떻게 정의하는지를 모르고 있어.

이것들은 재미있는 개수 세는 문제들이다. 먼저 **교차SET**이 무엇인지부터 살펴보면서 시작하자.

교차SET

    교차SET을 정의하려면 먼저 한 카드를 공통으로 가지는 2개 SET을 만들어야 한다. [그림 2.7]을 보자.

    우리가 카드를 **점**으로, **SET**을 **직선**으로 생각한다면 위에 있는 두 SET은 가운데 카드를 교점으로 갖는 2개 직선으로 생각할 수 있다. (이러한 기하적인 접근은 5장에서 탐구할 것이다.)

    이제 가운데 카드를 없애자. 이것을 교차SET이라 정의한다. 교차SET이란 없어진 카드가 일치하는 두 쌍으로 이루어진 네 장의 카드로, 여기에서 없어진 카드가 일치한다는 뜻은 두 SET이 공통된 카드를 가지고 있으며, 그 공통된 카드가 없어진 것을 의미한다. 우리는 이 없어진 카드를 교차SET의 "중심"이라 부르겠다.

사만타 : 오, 귀엽네, 이제 알겠다. 이것은 "교차된 SET" 같은 것이구나. 그래서 교차SET이 무엇인지 알게 된 것 같기는 한데… 한 카드를 중심으로 갖는 교차SET이 다른 카드를 중심으로 하는 또 다른 교차SET이 될 수 없다는 사실은 어떻게 알 수 있을까?

타티아나 : '2개 빨강 속이 찬 다이아몬드'를 중심으로 하는 교차SET에서 네 장의 카드의 배열을 바꾸어, 중심이 '2개 빨강 속이 찬 다이아몬드'가 아닌 새로운 교차SET을 만들 수 있는지를 묻고 있는 거지? 그거 좋은 질문이다.

이탄 : (생각하면서 얼굴을 긁적인다) 알았다! 1장에서 나왔던 좌표와 모듈로 연산을 활용하면 돼. (연습문제 2.4에서 직접 풀어보기를 바란다.)

> 보드게임 SET에
> 담긴 수학 1

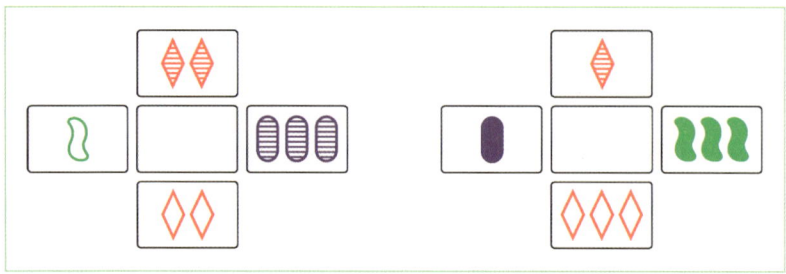

[그림 2.8] '2개 빨강 속이 찬 다이아몬드'에서 교차하는 서로 다른 두 교차SET

사만타 : 왜 교차SET이 중요하지?

이탄 : 우리는 게임을 할 때 종종 교차SET을 발견하게 되는데, 왜냐하면 이것들은 SET이 아니지만 정말로 패턴적이기 때문이야. 만일 교차SET이 너무 많이 보인다면 우리는 적은 수의 SET이 존재할 것이라 예상할 수 있어. (3장에서 우리는 12장의 카드가 놓여 있을 때 교차SET의 기댓값을 알아볼 것이다.)

[그림 2.8]에서 '2개 빨강 속이 찬 다이아몬드'를 중심으로 갖는 교차SET을 2개 더 보여주고 있다. 이러한 그림들은 이탄의 질문의 답에 대한 한 가지 접근법을 제안하고 있다. 하지만 먼저 이탄이 제안하지 않은 질문을 먼저 해결하고자 하는데, 이를 활용하여 다른 두 질문을 해결할 것이기 때문이다.

질문 5
주어진 카드를 중심으로 하는 교차SET은 모두 몇 개를 만들 수 있는가?

이 질문에 대답하기 위해 질문 3을 활용할 것인데, 이는 주어진 카드를 포함하는 SET은 모두 40개라는 것이었다. 예를 들어 '2개 빨강 속이 찬 다이아몬드' 카드를 꺼내 보자. 교차SET이란 한 카드를 중심으로 2개 SET이 교차하는 것이므로, 이 카드를 포함하는 2개 SET을 선택하자. 그러면 주어진 카드를 중심으로 하는 교차SET의 개수는

$$\binom{40}{2} = 780$$

이다. 우리는 이 개수를 다음 문제를 해결하는 데에 사용할 수 있다.

질문 6
교차SET은 얼마나 많이 있는가?

카드 한 묶음에는 총 81장의 카드가 있고, 방금 한 장의 카드는 780개 교차SET의 중심이 된다는 것을 알았기 때문에, 모든 교차SET의 개수는 다음과 같다.

$$780 \times 81 = 63180$$

사만타 : 잠깐, 너무 크잖아. 이전에 계산했던 1080개 SET보다 훨씬 더 커. 우리가 무언가로 나누어야 하는 걸 잊어버렸나?

타티아나 : 아니. 우리가 삶을 통해 배운 것은 수학은 거짓말을 하지 않는다는 것이야.

이탄 : 하지만 어느 정도 말이 돼. 교차SET이 몇 개인지 묻는 것은 주어진 카드를 포함하는 두 쌍의 SET이 몇 개가 있는지를 묻는 것과 같기 때문이야. 그리고 그 수는 엄청 크지.

이제 이탄의 마지막 질문에 답을 할 차례가 되었다.

> **질문 7**
> 주어진 카드를 포함하는 교차SET은 몇 개가 있는가?

이것은 처음 세었던 것과는 다른데, 왜냐하면 중심 카드는 교차SET에 포함되어 있지 않기 때문이다. 이 계산을 위해서는 전에 했던 것과 같이 인접세기(incidence count)를 해야 한다.

먼저 왼쪽에 81개 카드가 놓여 있고 오른쪽에는 모든 63,180개 교차SET을 놓은 그래프[22]를 그리자. 왼쪽의 카드가 오른쪽의 교차SET에 포함될 때 선을 연결한다.

얼마나 많은 선이 있는가? 왼쪽에서는 81(개 카드) 곱하기 각 카드가 들어 있는 교차SET의 개수가 되는데, 이 수를 x라 두자. 오른쪽에서는 63,180(교차SET의 개수) 곱하기 4(교차SET에 포함된 카드의 수)가 된다. 전과 같이 선의 수는 일치하기 때문에,

$$81 \times x = 63180 \times 4$$

이다. x를 풀면 주어진 카드를 포함하는 교차SET의 개수를 얻게 된다.

$$x = 3120$$

---

22) 우리는 머릿속에서 이 그래프를 그렸는데, 이것이 가능하기 때문이다. 당신도 가능하다!

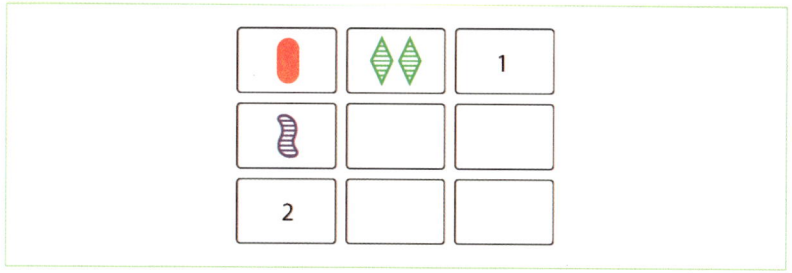

[그림 2.9] 평면을 만들기 위해서는 1번 자리에 카드를 채워 가로 SET을 완성하고 2번 자리에 카드를 채워 세로 SET을 완성해야 한다.

이탄 : 와. 내가 좋아하는 카드를 포함하는 교차SET의 개수가 이렇게나 많구나.

사만타 : 그런데 이 계산 결과가 말이 되는데, 시작할 때 정말로 많은 교차SET이 존재하기 때문에 그래.

이탄 : 교차SET을 이용해서 나중에 어떤 다른 일을 할 수 있을지 궁금해지네.

타티아나 : 나도 그래. 그런데 내가 평면을 세는 문제도 질문했었잖아! 이제는 평면에 관해 이야기하면 어떨까?

 평면

1.2장에서 우리는 9장의 특별한 그룹의 카드가 성질 "임의의 두 장의 카드에 대하여 이 카드들을 포함하는 SET을 만드는 유일한 세 번째 카드를 항상 포함한다"를 만족시키면 평면이라고 정의했었다. 우리는 SET을 이루지 않는 세 장의 카드로부터 평면을 만들 수 있었다. 이것을 좀 더 세심하게 다시 다루어 볼 생각인데, 그래서 세 장의 카드가 평면을 완전히 결정한다는 사실을 확인할 수 있도록 하겠다.

보드게임 SET에
담긴 수학 1

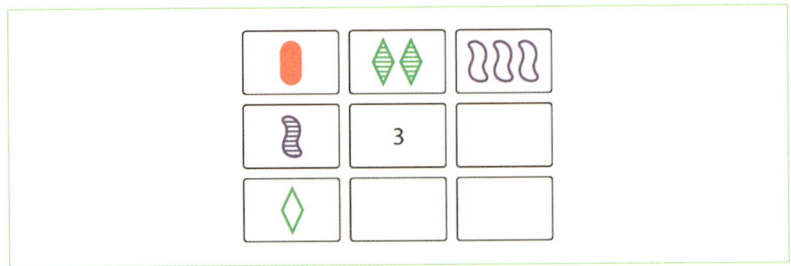

[그림 2.10] 평면을 채워가기 : 다음으로 3번 자리에 카드를 채울 것이다.

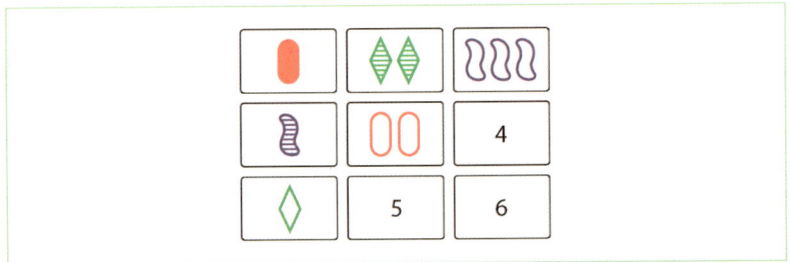

[그림 2.11] 계속 평면을 채워가기 : 다음으로 마지막 세 장의 카드를 채울 것이다.

    SET을 이루지 않는 3장의 카드를 뽑고 이 카드들을 직사각형의 왼쪽 위 코너에 [그림 2.9]와 같이 배열한다. 번호 1과 2가 붙은 카드들은 SET을 어디에서부터 완성하기 시작해야 하는지를 알려준다.
    첫 행에 있는 가로 SET을 완성하기 위해서는 1번 자리에 어떤 카드를 놓아야 하는가? '3개 보라 속이 빈 꿈틀이' 카드. 첫 열의 세로 SET을 완성하기 위해서는 2번 자리에 어떤 카드를 놓아야 하는가? '1개 초록 속이 빈 다이아몬드' 카드. [그림 2.10]을 보자.
    이제 대각선에 있는 두 장의 카드인 '1개 초록 속이 빈 다이아몬드'와 '3개 보라 속이 빈 꿈틀이'를 포함하는 대각선 SET을 만들기 위해서는 3번 자리에 어떤 카드를 놓아야 하는가? [그림 2.11]과 같이 '2개 빨강 속이 빈 둥근 모양' 카드.

74   CHAPTER 02 개수 세는 것은 재미있어!

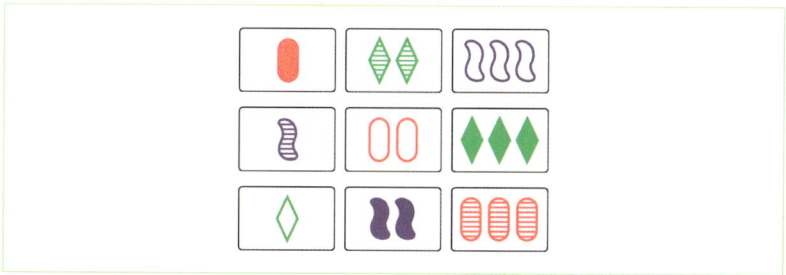

[그림 2.12] 평면을 채운 모습

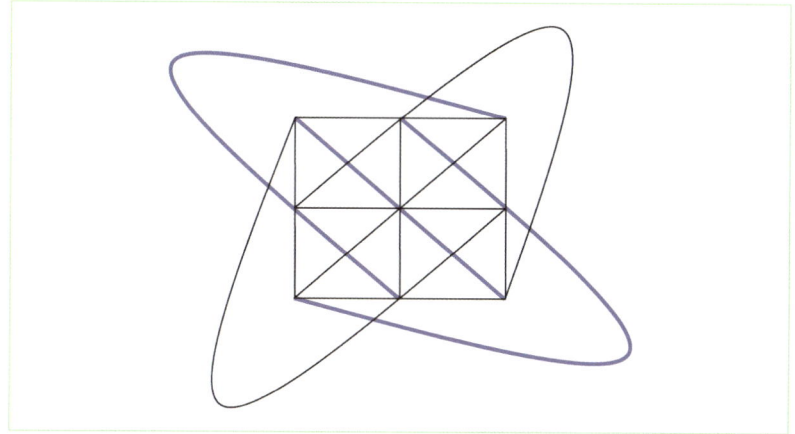

[그림 2.13] 아핀 평면. 5장에서 이를 AG(2, 3)이라 부를 것이다.

마지막으로 남아 있는 3개 자리에는 가로, 세로, 대각선 SET을 완성하기 위한 카드들을 놓아야 한다. 어떤 순서로 채워야 할까? 순서에는 상관이 없다! 숫자 4, 5, 6이 채워야 하는 순서를 나타내는 것처럼 보이겠지만, 꼭 그 순서대로 할 필요가 없다. 이것이 평면의 멋진 점 중의 하나다. [그림 2.12]에서 완성된 결과를 확인하기를 바란다.

평면에는 얼마나 많은 SET이 있는가? 만일 1장에서 나왔던 답을 잊어버렸다면, [그림 2.13]이 힌트가 될 것이다.

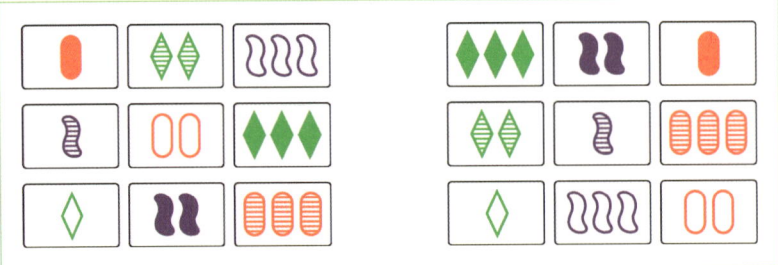

[그림 2.14] 이 둘은 같은 평면인가?

각각의 평면은 12개 SET을 포함한다. 이제 평면이 무엇인지 알았으므로, 이제 그것들을 세어보자. (세어서 타티아나의 마지막 질문에 대답하자.)

질문 8
한 묶음의 카드에는 평면이 모두 몇 개 있는가?

우리가 SET이 아닌 세 장의 카드로부터 평면을 만들었던 사실을 기억하자. 일단 세 장의 카드가 선택되면, 평면은 완전히 결정된다. 첫 카드로 81장의 선택이 가능하고, 두 번째 카드로 80장의 선택이 가능하다. 세 번째 카드의 경우 SET을 만들지 않는 카드가 필요하기 때문에, 총 78가지의 선택이 가능하다. 모두 곱하면 우리는 아홉 장의 카드를 배열하는 $81 \times 80 \times 78 = 505440$가지 방법을 얻게 된다.

우리가 과다하게 수를 세었는가? 이는 순서가 의미가 있는지 여부에 달려있다. 한 평면에 놓인 카드의 순서를 바꾸어 새로운 평면을 얻었을 때, 이 둘은 서로 같은 평면인가? 예를 들면 [그림 2.14]의 두 평면을 비교해 보자.

우리는 이 둘을 서로 같은 평면으로 간주할 것이다.[23] 우리가

SET을 생각할 때에는 세 장의 순서는 고려하지 않는다. 평면이 가진 특별한 성질들은 평면에 놓인 카드의 순서에 의존하지 않는다. 우리가 평면이라는 예쁜 그림을 좋아하기는 하지만, 사실 이것들은 카드들이라는 사실이 중요하다.

카드가 놓인 순서와 관계없는 답을 얻기 위해서 우리는 9장의 카드를 재배열하는 경우의 수로 나누어야 한다. 왼쪽 위에는 9가지의 선택이 가능하고, 가운데 위에는 8가지의 선택이 가능하다. 왼쪽 가운데 자리에는 6가지의 선택이 가능(왜냐하면 이 카드는 이전의 두 카드와 SET을 이루면 안 되기 때문이다)하다. 일단 이 세 장의 카드가 결정되고 나면, 나머지 평면은 전과 같이 완전히 결정되며, 그러므로 평면에 있는 카드들은 총 $9 \times 8 \times 6 = 432$가지의 재배열이 가능해진다.

이것은 SET 카드들로부터 만들 수 있는 모든 평면의 개수는

$$\frac{505440}{432} = 1170$$

임을 의미한다.

타티아나 : 난 평면이 좋아!
  이탄 : 그래.
  사만타 : 정말로 재미있었어! 우리가 계산한 개수 세기들이 책 나머지에서 어떻게 사용될지 너무 궁금해!
  이탄 : 그래, 우리가 정말 멋진 일을 해냈어.
타티아나 : 우리에게 기운을 북돋아 주는 게임인 SET을 하면서 이 즐거움을 만끽해 보자. 독자들은 연습문제들을 풀어보자.

---

23) 수학의 세계에서는 모두 그렇게 간주한다.

연/습/문/제

2.1. (제한적인 수 세기) 우리는 이 장에서 배운 다양한 아이디어들을 이용해서 카드들의 특별한 부분집합이 가진 다양한 양들을 세어 볼 수 있다.

   a. 빨간 카드는 몇 개나 있는가?
   b. 빨간 SET은 몇 개나 있는가?
   c. 주어진 (빨간) 카드에 대해, 얼마나 많은 빨간 SET이 그 카드를 포함하는가?
   d. 빨간 카드 중에서 SET은 1가지, 2가지, 3가지 속성이 서로 다를 수 있다. 각각의 종류에는 몇 개의 빨간 SET이 존재하는가?
   e. 빨간 교차SET은 몇 개나 있는가?
   f. 주어진 (빨간) 카드를 포함하는 교차SET은 몇 개나 있는가?
   g. 빨간 평면은 몇 개나 있는가?
   h. 주어진 (빨간) 카드를 포함하는 빨간 평면은 몇 개나 있는가?

2.2. 당신의 친구 스테파노는 5가지 속성을 가진 SET 게임을 개발하였는데, 각각의 속성은 다음과 같다. 개수, 색깔, 무늬, 모양, 감정. 여기에서 카드는 까칠, 우울, 변덕[24]을 감정으로 가지고 있다.

---

[24] 심슨 만화 팬이라면 이로부터 에피소드 1F06의 "Boy-Scoutz'n the Hood"를 기억해 낼 것이다.

a. 곱의 법칙을 이용하여 스테파노의 카드 묶음에 있는 카드 수를 알아내시오. (카드끼리 서로 붙어 버릴 수 있다는 것은 고려하지 마시오)
b. 스테파노의 게임에는 **SET**이 몇 개나 있는가?
c. **SET**에는 몇 가지 종류가 있는가?
d. 주어진 카드를 포함하는 **SET**은 몇 개나 있는가?
e. 교차**SET**은 몇 개나 있는가?
f. 평면은 몇 개나 있는가?
g. 이 게임을 하는 것이 얼마나 즐거울지 생각해 보자.

2.3. 에드나는 연습문제 2.2에서 제시한 스테파노의 버전이 지루하다고 생각한다. 그녀는 다음과 같이 각각의 속성에 네 가지 표현을 가지는 새로운 버전의 SET 게임을 더 좋아한다.

- 개수 : 1, 2, 3, 4
- 색깔 : 빨강, 초록, 보라, 브라운
- 무늬 : 속이 빈 것, 줄무늬, 체크무늬, 속이 찬 것
- 모양 : 둥근 모양, 꿈틀이, 다이아몬드, 직사각형

a. 에드나의 카드 한 묶음에는 몇 장의 카드가 있는가?
b. "**SET**"을 네 장의 카드 각각의 속성이 모두 같던지 모두 다를 때로 정의하자. 이제는 두 "**SET**"이 한 장 이상의 카드에서 교차할 수 있음을 보이시오.

2.4. 우리는 2.5절에서 교차SET의 중심이 유일하다고 주장했다. 이것을 다음과 같은 방법으로 정당화해보자. 먼저 네 장의 카드 A, B, C, D로 이루어진 교차SET을 하나 만들자. 6개 각각의 쌍 AB, AC, …에 대하여 각 쌍을 포함하는 SET을 만드는 카드들을 생각하자. 이 과정으로 5장의 서로 다른 카드들을 얻게 됨을 보이고, 이로부터 네 장으로 이루어진 오직 하나의 그룹만이 교차SET을 만들게 됨을 확인하자. (모듈로 연산을 이용하여 중심이 유일하다는 것을 보이는 증명은 연습문제 4.6에서 다룬다.)

2.5. 우리는 카드 한 묶음에 총 1,170개 평면이 있음을 계산하였다. 주어진 카드를 포함하는 평면은 모두 몇 개가 있는가?
(**힌트** : 인접 계산(incidence count)을 활용하시오.)

2.6. 모든 평면은 ([그림 2.12]에서 본 바와 같이) 12개 SET을 가지고 있다. 주어진 SET을 포함하는 평면의 개수는 몇 개인가? 이 문제를 풀기 위해 먼저 하나의 SET을 고정하고, 그 SET을 포함하는 서로 다른 평면의 개수를 세어 보시오.
(**힌트** : 한쪽에는 SET들을 놓고 다른 쪽에는 평면들을 놓아 인접 계산을 수행하시오.)

프/로/젝/트

2.1. (색맹을 위한 SET!) 우리 중 일부는 색맹인 사람들과 SET 게임을 함께 한 경험이 있는데, 그들은 카드들을 구분하는 데에 어려움을 겪어 게임에 제대로 참가할 수가 없었다. 먼저 그들을 위한 우리의 조언은 카드 한 묶음에서 빨간 카드에는 왼쪽 위와 오른쪽 아래에 큰 점을 그려 넣고, 초록 카드에는 오른쪽 위와 왼쪽 아래에 큰 점을 그려 넣어 누구든지 색깔을 구별할 수 있도록 하라는 것이다. (당신이 원한다면 이러한 점들을 빨간색과 초록색으로 만들 수 있을 것이다. 어떤 사람들은 이것이 색맹이 아닌 사람들을 혼란스럽게 해서 게임을 더 어렵게 만든다고 말하지만, 어떠한 조치를 하더라도 색맹인 사람에게는 이 게임이 더 어렵기 때문에 이 정도의 불편함은 감수할 만하다고 생각한다.) 하지만 이 프로젝트를 위해 같은 타입의 색맹인 두 사람이 아무런 조치가 취해지지 않은 카드를 가지고 게임을 한다고 생각하자. SET은 얼마나 많이 있는가? SET의 종류는 얼마나 많은가? 아래 문제들에서는 다양한 색맹 상황에서 개수 세기를 해 볼 것이다.

a. 완전 색맹. 이 경우 모든 색은 다 똑같다. 이것은 마치 흑백으로 만들어진 한 묶음의 카드가 있는 것과 같은데, 그러므로 오직 3가지의 속성만 존재하고 각각의 카드들은 세 번 반복되어 나타난다. 이것은 당신이 같은 세 장의 카드로 이루어진 SET을 가질 수 있음을 의미한다.

- 얼마나 많은 SET이 존재하는가? SET 2개가 한 장 이상의 카드를 공유할 수 있음을 보이시오.

> 보드게임 SET에
> 담긴 수학 1

- 구분할 수 있는 세 가지 속성이 모두 다른 SET은 모두 몇 개나 존재하는가?
- 구분할 수 있는 세 가지 속성 중 2개가 다르고 하나는 같은 SET은 모두 몇 개나 존재하는가?
- 구분할 수 있는 세 가지 속성 중 1개가 다르고 2개는 같은 SET은 모두 몇 개나 존재하는가?
- 모든 카드가 동일한 SET은 몇 개가 존재하는가?

b. 빨강-초록 색맹. 어떤 사람들은 빨간색과 초록색 카드를 구분하지 못하는데, 보라색은 다른 것들과 구분할 수 있다.[25]
- 얼마나 많은 SET이 존재하는가?
- 나타날 수 있는 SET의 종류를 설명하고, 셀 수 있는 만큼 개수를 세시오.

c. 우리는 속이 찬 카드들은 구분할 수 있지만, 줄무늬나 속이 빈 카드의 색깔을 구분하는 데에 어려움을 겪는 이들과 게임을 하기도 했었다. 예를 들면, 1개 빨강 속이 찬 꿈틀이 카드와 1개 초록 속이 찬 꿈틀이 카드는 구분할 수 있지만, 2개 보라 속이 빈 꿈틀이 카드와 2개 초록 속이 빈 꿈틀이 카드는 구분할 수 없었다.
- 이 경우 SET이 가지는 색/무늬는 어떠한가?
- SET은 얼마나 많이 있는가?
- 나타날 수 있는 SET의 종류를 설명하고, 셀 수 있는 만큼 개수를 세시오.

---

[25] "SET Pro HD"라는 태블릿용 앱이 있는데, "노랑, 빨강, 검정" 카드 옵션이 있어 이런 타입의 색맹인 사람들에게 유용하게 사용될 수 있다.

CHAPTER
03

확률

보드게임 SET에 담긴 수학 ①

3.1 도입

사만타, 이탄, 타티아나는 그들이 배운 새로운 개수 세는 기술을 활용하여 SET 게임을 하기 위해 떠났다. 새로운 친구들인 소피 (Sophie), 에두아르도(Eduardo)와 테디(Teddy)가 새로운 SET을 구성[26]하였다. 이 친구들은 2장에서 답을 구했던 질문들과 관련된 새로운 질문들을 가지고 있다.

소피 : 우리는 SET 게임과 관련된 많은 수 세기 문제들을 배웠어. 그런데 궁금한데, 예를 들어 우리가 SET 중에서 공통된 속성이 하나도 없는 것의 개수를 알고 있는데, 임의로 SET을 하나 뽑았을 때 공통된 속성이 하나도 없는 것이 나올 확률은 얼마일까? 다른 종류의 SET들은 어떨까? 교차SET은? 평면은? 이러한 경우들의 확률을 계산할 수 있을까?

에두아르도 : 와, 너는 조금도 시간을 허비하지 않는구나. 아직 서로 이야기를 나눌 기회조차 없었다고!

테디 : 이 문제들을 탐구하기 전에 먼저 우리는 확률을 어떻게 계산하는지부터 알아야 해.

에두아르도 : 수학 시간에 확률을 퍼센트로 계산했던 것이 기억나. 눈이 나올 가능성이 공평한 주사위를 던지면,

---

[26] 정말 재미있지 않나요? (몰라서 묻는 것은 아닙니다.)

홀수 눈이 나올 가능성은 50%였어.

소피 : 아냐, 확률은 0부터 1 사이의 소수라서, 홀수 눈이 나올 확률은 0.5야.

테디 : 사실, 둘 다 맞아.

3.2 확률이란 무엇인가?

먼저 직관적인 설명으로 시작하자. 사건이 일어날 확률은 사건이 일어날 경우의 수를 모든 가능한 경우의 수로 나눈 것이다.

$$P(\text{사건}) = \frac{\text{사건이 일어나는 경우의 수}}{\text{모든 가능한 경우의 수}}$$

이것은 확률이 0과 1 사이의 분수로 나타난다는 것을 의미한다. 그 후, 만약 원한다면, 이 분수를 소수나 퍼센트로 변환할 수 있다.

에두아르도의 주사위 던지는 예에서는, 모든 가능한 경우의 수는 단순히 주사위의 면의 개수인 6이 된다. 우리가 원하는 사건은 홀수 눈 1, 3, 5가 나오는 것이다. 확률을 구하면

$$P(\text{홀수}) = \frac{\text{홀수 눈이 나오는 경우의 수}}{\text{모든 가능한 경우의 수}} = \frac{3}{6} = 0.5$$

테디 : 그러니까 확률이 $\frac{1}{2}$이라는 것과 50%의 가능성이 있다는 것은 같은 말이구나. 그래서 너희 둘 다 맞는 것이네.

에두아르도 : 누가 더 많이 맞는 것이지?

테디 : 우리가 구할 대부분의 확률은 분수로 나타낼 거야. 수학자들이 보통 이렇게 쓰거든.

에두아르도 : 그래, 이해할게. 그리고 확률이 0이라는 것은 사건이 일어날 수 없다는 것을 의미하지.

소피 : 그리고 확률이 1이라는 것은 항상 일어난다는 것으로, 100% 벌어지는 사건이라는 뜻이지.

> 에두아르도 : 맞아. 그리고 지난 장에서 사만타, 이탄, 타티아나가 했던 작업들은 우리에게 많은 사건의 확률을 알려주고 있어.
>
> 테디 : 그러면 SET과 관련된 확률 문제들을 풀어보자.
>
> 소피 : 우리가 풀 수 있어야 하는 문제가 하나 있어.

문제 1

임의로 뽑은 세 장의 카드가 SET을 이룰 확률은 얼마인가?

이것은 생각해볼 만한 멋진 첫 번째 문제이다. 우리가 관심 있는 이 사건은 세 장으로 SET을 만드는 것이다. 1080개 SET이 한 묶음의 카드에 있기 때문에, 우리는 분모를 구해야 한다. 분모를 위해 세 장의 카드를 뽑는 전체 경우의 수를 알아야 한다.

> 테디 : 어떻게 구해야 하는지 알겠다! 임의로 3장의 카드를 뽑아야 하기 때문에, 81개 중에서 3개를 순서 없이 뽑는 조합의 수가 되어야 해!

테디가 옳다. 임의로 뽑은 세 장의 카드가 SET을 이룰 확률은 다음과 같다.

$$P(\text{SET}) = \frac{\text{SET의 개수}}{\text{세 장의 카드로 이루어진 부분집합}}$$

$$= \frac{1080}{\binom{81}{3}} = \frac{1080}{85320} = \frac{1}{79} \approx 1.27\%$$

소피 : 멋지다! 그런데 이 문제에 대해서는 더 쉬운 방법이 있을 것 같다. 만일 두 장의 카드를 임의로 뽑으면 어떻게 되지? 여기에서 어떻게 SET을 만들지?

에두아르도 : 자, 남아 있는 79장의 카드 중에서 SET을 만드는 카드는 한 장밖에 없어.

소피 : 맞아, SET의 기본 정리가 사용되네! 그리고 79장의 카드들은 세 번째 카드로 뽑힐 가능성이 모두 동일하기 때문에, 답은 단순히 $\frac{1}{79}$가 되겠네.

에두아르도 : 멋지고 빠른 해답이네. 어떤 방법으로든 SET을 뽑을 확률은 1.27% 정도밖에 안된다는 것이네. 정말로 작다! 이것은 임의로 세 장을 랜덤하게 잡는 것은 SET을 찾는 좋은 전략이 아니라는 것을 뜻하겠네.[27]

소피 : 하지만 말이 되는 것 같아, 왜냐하면 세 장을 랜덤하게 뽑는 방법은 정말로 많이 있으니까. 그런데 다른 질문이 있어. 우리가 게임을 시작할 때 12장의 카드를 배열하잖아. 처음 배열한 카드에 SET이 없을 확률은 얼마일까?

질문 2

12장의 카드를 랜덤하게 뽑아서 배열하자. 여기에 SET이 하나도 없을 확률은 얼마인가?

---

[27] 그렇겠죠.

3.2 확률이란 무엇인가? 89

이것은 사람들이 SET과 관련된 확률 문제를 생각할 때 가장 많이 묻는 질문 중 하나이다. 그리고 이 게임의 주목적이 12장의 카드 배열에서 SET을 찾아내는 것이기 때문에, 중요한 질문이기도 하다. 불행하게도, 소피와 (다른 모든 이들에게) 이 확률 계산은 너무나 어려워서 아직 정확한 답을 구한 사람이 없다.[28]

하지만 그렇다고 포기할 필요는 없다. 어려운 문제를 해결하는 가장 좋은 전략은 더 쉬운 문제를 먼저 해결해 보는 것이다. 여기에서 우리는 12를 더 작은 숫자로 줄여볼 수 있다. 우리가 (12장 대신) 3장을 생각해 본다면, 우리는 이미 답을 알고 있다. 테디가 방금 보여준 바와 같이 임의의 세 장의 카드가 SET일 확률은 $\frac{1}{79}$이므로, 임의로 뽑은 세 장이 SET이 되지 **않을** 확률은 $1 - \frac{1}{79} = \frac{78}{79} = 0.9873$이다.

테디 : 그러니까 P(**SET**) = $\frac{1}{79}$이고, P(**SET**이 아님) = $\frac{78}{79}$이네. 우리는 세 장의 카드가 SET이 되던지 안 될 것이라 100% 확신할 수 있는데, 왜냐하면 $\frac{1}{79} + \frac{78}{79} = 1$이기 때문이야.

에두아르도 : 잘 했어, 아인슈타인.

소피 : 좀 더 카드 수를 늘려봐야 할 것 같아. 4장은 어때? 4장의 카드에서 SET이 하나 있을 확률을 구한다면, **SET**이 **없을** 확률도 구할 수 있을 거야.

---

[28] 아니면 누군가가 답을 구했으나, 우리에게 아직 알려주지 않았을 수도 있다.

> **질문 3**
> 카드 한 묶음에서 랜덤하게 네 장의 카드를 뽑자. 이 카드 중에 SET이 없을 확률은 얼마인가?

우리는 소피의 아이디어를 써서 먼저 네 장의 카드가 SET을 포함할 확률을 구한 후, 1에서 그 값을 뺄 것이다. 먼저 분모는 카드 한 묶음에서 4장의 카드를 뽑아야 하기 때문에 $\binom{81}{4} = 1{,}663{,}740$가지 경우가 전체 경우의 수가 된다.

분자를 구하기 위해서는 네 장의 카드를 SET을 **포함하도록** 배열하는 경우의 수를 구해야 한다. 이를 위해 먼저 SET을 하나 뽑은 후, 나머지에서 카드를 한 장 뽑으면 된다. 일단 SET이 하나 선택되었다면, 카드 묶음에는 78장의 카드가 남아 있기 때문에, 네 장의 카드에 SET이 하나 들어있는 경우의 수는 $1080 \times 78 = 84240$이 된다. 그러므로

$$P(\text{SET}) = \frac{84240}{1663740} = \frac{4}{79} \approx 5.06\%$$

이다.

> 에두아르도 : 분수가 깔끔하게 약분되네. 세 장의 카드에서의 확률의 정확히 네 배가 되는구나. 우연일까?
> 소피 : 그렇지 않아. 네 장의 카드를 A, B, C, D라 두자. 그러면 네 가지의 SET이 나올 수 있거든: ABC, ABD, ACD, BCD.
> 테디 : 그런데 우리는 세 장의 카드가 SET을 이룰 확률을

이미 알고 있거든. $\frac{1}{79}$야.

에두아르도 : 알았어. 네 가지 경우가 있는데, 각각의 확률은 $\frac{1}{79}$ 이고 서로 겹치는 경우가 없기 때문에, 네 장의 카드에서의 답은 $\frac{1}{79}$을 네 번 더하면 되는구나.

테디 : 멋지다! 문제의 답을 찾은 후에 더 간단한 방법을 찾아낼 수 있었구나!

에두아르도 : 그리고 서로 겹치는 경우가 없는데, 왜냐하면 ABC가 SET이 되면, 다른 조합에서는 SET이 나올 수 없기 때문이야.

질문 3으로 돌아가서, 네 장의 카드 배열에서 SET이 없을 확률은 아래가 된다.

$$1 - \frac{4}{79} = \frac{75}{79} \approx 94.9\%$$

이 확률을 구하는 세 번째 방법은 연습문제 3.1을 보기 바란다.

소피 : 정말로 즐거웠어. 만일 시작할 때 다섯 장이었다면 어떻게 될까?

테디 : 자, 네 장이었을 때 확률이 세 장이었을 때의 네 배였으니까, 이번에도 네 배를 하면 되지 않을까 궁금하네. 아니면 또 다른 패턴이 있을까?

에두아르도 : 일반적으로는 패턴을 찾는 것은 좋은 아이디어야. 하지만 종종 잘 되지 않기도 하지.

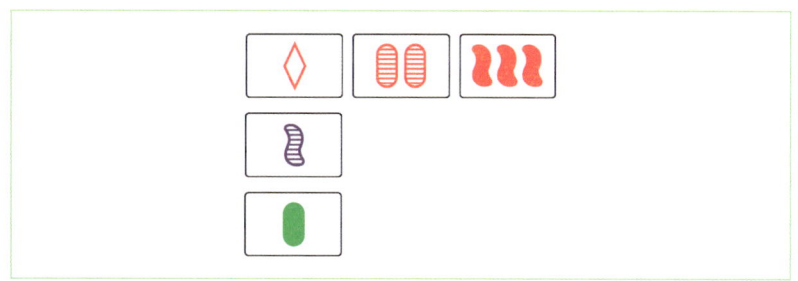

[그림 3.1] 이 다섯 장의 카드들은 서로 교차하는 한 쌍의 **SET**을 포함한다.

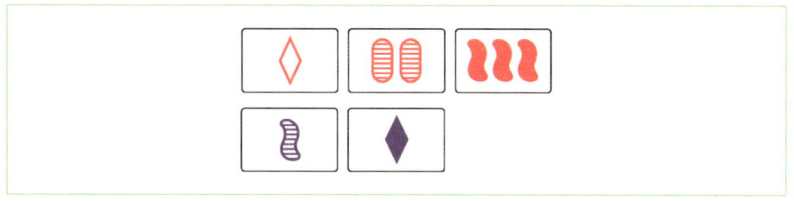

[그림 3.2] 이 다섯 장의 카드들은 단 하나의 **SET**을 포함한다.

이번에는 에두아르도가 맞았다는 것을 확인해 볼 것이다.

> **질문 4**
> 카드 한 묶음에서 다섯 장의 카드를 랜덤하게 뽑자. 여기에서 **SET**이 하나도 없을 확률은 얼마인가?

우리가 다섯 장으로 확장을 시키면 상황이 더욱 복잡해진다. 다섯 장의 카드에서는 **SET**을 2개 발견할 가능성이 있기 때문이다. [그림 3.1]과 같이 서로 교차하는 한 쌍의 **SET**을 가질 수도 있고, [그림 3.2]와 같이 하나의 **SET**만을 가질 수도 있다.

우리는 질문 4의 답을 서로 겹치지 않는 다른 두 가지 경우의 확률을 더함으로써 완전히 구하려고 한다. (두 사건이 서로 겹치지 않을 때, 두 사건이 일어날 확률은 각각의 확률의 합이 된다. 사람들은 이러한 사건들을 **서로소**(disjoint)나 **서로 배반**(mutually exclusive)이라 부른다)

경우 1

다섯 장의 카드에 SET이 2개 있는 경우이다. 이 경우는 [그림 3.1]에 예시되어 있으며, 개수를 세는 것은 다소 쉽다. 먼저 카드를 한 장 뽑는 것으로 시작한다. 평상시처럼 81개 가능성이 존재한다. 그 후에 우리는 그 카드를 중심으로 하는 SET을 2개 구성한다. 각각의 카드는 서로 다른 40개 SET에 포함되어 있으므로, 경우의 수는 $\binom{40}{2}$가 된다. (우리가 동일한 아이디어로 지난 장에서 교차SET의 개수를 세었다.) 이것으로부터 이 경우의 확률을 구하면 다음과 같다.

$$P(5장의\ 카드에\ 2개의\ SET) =$$

$$\frac{81 \times \binom{40}{2}}{\binom{81}{5}} = \frac{63180}{25621596} = \frac{15}{6083} \approx 0.25\%.$$

경우 2

다섯 장의 카드에 하나의 SET만이 있는 경우이다. 이 경우는 [그림 3.2]에 예시되어 있으며, 개수를 세는 것이 더 복잡하다. 먼저 1080개 SET 중에서 하나의 SET을 뽑자. 이제 78장의 카드가 남아있게 되고, 그중에서 두 장을 뽑아야 한다.

여기에는 $\binom{78}{2}$가지 경우가 있으나, 여기에서 주의해야 한다. 두 장의 카드를 기존의 세 장의 카드 중 하나와 SET을 이루도록 뽑으면 안된다. 우리는 이를 **잘못된 쌍**(bad pair)라 부르겠다.

잘못된 쌍은 얼마나 많이 있는가? [그림 3.2]의 SET을 살펴보면 각각의 세 장의 카드들은 **추가적인** 39개 SET에 포함된다. 그러므로 39×3개 잘못된 쌍이 존재한다. 그러면 **잘된 쌍**(good pair)의 개수는 $\binom{78}{2} - 39 \times 3 = 2886$개다. 그러므로 확률을 계산하면 다음과 같다.

$$P(\text{5장의 카드에 1개의 SET}) =$$

$$\frac{1080 \times 2886}{\binom{81}{5}} = \frac{3116880}{25621596} = \frac{740}{6083} \approx 12.17\%.$$

우리가 이 두 확률을 더하면, 다섯 장의 카드에 **적어도 1개의** SET이 포함될 확률로 $\frac{755}{6083} \approx 12.41\%$를 얻게 된다.

모든 조각을 모으면 결국 랜덤하게 뽑은 다섯 장의 카드에 SET이 **하나도 없을** 확률을 계산할 수 있는데, 이는 질문 4에 대한 완전한 답이 된다.

- 다섯 장의 나열된 카드 속에 SET이 하나도 없을 확률은 아래와 같다.

$$\frac{5328}{6083} \approx 87.59\%$$

테디 : 이런. 방금 확인해 봤는데, 5장의 카드에 SET이 하나도 없을 확률은 세 장이나 네 장의 경우에 단순히 자연수를 곱해서 얻을 수는 없는 값이네. 여기에는 멋진 패턴은 없는 것 같아.

소피 : 내 질문이 생각보다 어려웠던 것 같아. 별루다.

에두아르도 : 내 생각에 카드가 한 장씩 늘어날 때마다 더욱 복잡해지는 것 같아.[29] 그러니까 지금까지 아무도 답을 찾지 못했을 만하다.

소피 : 그래도 우리는 몇 가지 사실을 알고 있어. 세 장의 카드에서 SET이 없을 확률은 99% 정도이고, 네 장의 카드에는 95% 정도이며, 다섯 장에서는 88%로 확률이 떨어진다는 것을.

에두아르도 : 우리가 카드를 추가할 때마다 SET이 없을 확률이 점점 낮아지는 것은 참 좋은 소식이네.

테디 : 맞아, 왜냐하면 우리가 카드를 추가할 때마다 SET을 발견할 가능성이 많아지기 때문이야.

우리가 12장의 카드에 대해 SET이 없을 확률을 정확하게 결정할 수는 없었지만, 컴퓨터 시뮬레이션을 활용해 볼 수 있다. 시뮬레이션 결과 처음 12장의 카드에서 SET이 하나도 없을 확률은 대략 3.2% 정도 된다는 것을 알 수 있었다. 다르게 말한다면, 12장의 카드가 놓여 있을 때 97%의 확률로 SET이 **있다**는 것이다.

기억할 메시지
당신이 게임을 하고 있고 처음 펼쳐진 카드들에서 SET을 발견하는데 어려움을 겪고 있다면, 계속 찾아보아라![30]

---

29) 에두아르도는 좋은 상상력을 가지고 있다. 하지만 당신은 6장의 카드 문제를 연습문제 3.2에서 해결할 수 있을 것이다.

30) 97%의 확률로 SET이 있다.

15장의 카드에 대해서도 SET이 항상 있다는 것을 보장할 수 없다는 사실이 알려져 있다. 우리가 게임을 할 때 실제로 이러한 일이 벌어진 적이 있었으나, 아주 드문 경우였다. 사실은 20장의 카드들 속에도 SET이 없는 경우가 있다. SET은 21장의 카드에 대해서는 반드시 존재하게 된다.

21장의 카드 속에 반드시 SET이 존재한다는 사실에 대한 증명은 아주 멋진 기하학을 사용해야 한다. 이에 대해서는 5장에서 더 설명하고, 9장에서 한 번 더 설명할 것이다. 우리가 손으로는 구할 수 없는 많은 확률이 존재하는데, 이에 대해서는 10장에서 자세히 다루어볼 것이다.

보드게임 SET에
담긴 수학 1

3.3 기댓값

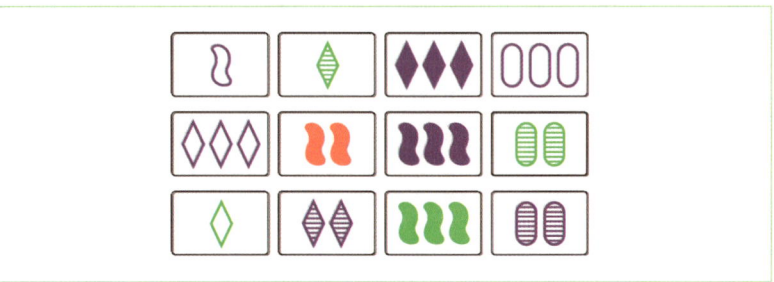

[그림 3.3] 게임의 시작 상황. SET은 몇 개나 있는가?

소피, 에두아르도, 테디는 게임을 시작할 것처럼 12장의 카드를 테이블에 올려놓고 있다. 그 카드들은 [그림 3.3]에 나와 있다. SET을 없애는 대신, 그들은 테이블에서 모든 SET을 찾으려 하고 있다. (그들은 몇 개나 찾을 수 있었을까?)

테디 : 무슨 생각을 하고 있어?
에두아르도 : 우리가 12장의 카드([그림 3.3])에서 SET을 모두 3개 발견했거든. 보통 12장의 카드에 SET이 몇 개 정도 있는지 궁금하네.
소피 : 내 생각에는 그것이 바로 기댓값이야!

직관적으로 기댓값이란 먼 훗날[31]에 무슨 일이 생길지를 측정하는 것이다. 우리가 데이터를 분석할 때 보통 "평균"이라는 단어를 사용하지만, 확률과 관련해서는 **기댓값**(expected value)이라는 표현을 쓴다.

여기 대표적인 예가 있다. 주사위를 던졌을 때 눈의 기댓값은 얼마인가? 주사위가 공평하다면 모든 눈이 나올 가능성이 동일하다고 가정할 수 있다. 여섯 번 던졌을 때, 우리는 각각의 수가 한 번씩 나올 것으로 "기대"할 수 있다. 그러므로 여섯 번의 평균은

$$\frac{1+2+3+4+5+6}{6} = 3.5$$

이다.

다른 방법을 소개하면, 주사위 눈이 1이 나올 확률은 $P(1) = \frac{1}{6}$ 이고, 2가 나올 확률은 $P(2) = \frac{1}{6}$ 이고, 이 값이 계속된다. 그러면 **기댓값**이란

$$(P(1) \times 1) + (P(2) \times 2) + \cdots + (P(6) \times 6)$$
$$= \left(\frac{1}{6} \times 1\right) + \left(\frac{1}{6} \times 2\right) + \cdots + \left(\frac{1}{6} \times 6\right) = 3.5$$

이다. 물론 이것은 한 시행에서 무엇이 일어날 지에 대해서는 아무 것도 알려주지 않는다. 하지만 만일 주사위를 100번 던지고 눈의 합을 추적한다면, 우리는 그 합이 대략 $100 \times 3.5 = 350$이 될 것으로 기대할 수 있다.

SET으로 돌아가자. 다음은 대단히 자연스러운 질문이다.

질문 5
처음 놓는 12장의 카드 배열에서 **SET**의 개수에 대한 기댓값은 얼마인가?

---

31) 장기적으로 보면 우리는 모두 죽는다. (John Maynard Keynes)

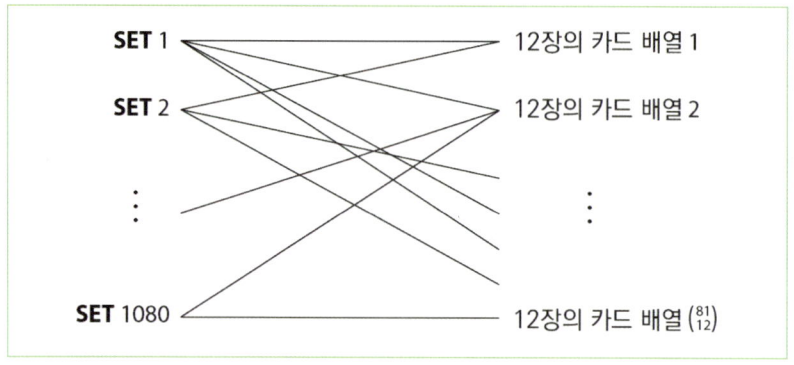

[그림 3.4] SET과 12장의 카드 배열 사이의 인접 세기

운 좋게도 이 질문에는 직접 답을 할 수 있다. 이는 이전 절에서 12장의 카드 배열에 SET이 없을 확률을 구하는 문제와 대비된다고 할 수 있다.

질문에 답하기 위해, 우리는 인접 세기를 사용할 것이다. 이미 2장에서 인접 세기를 접해보았을 것이다. 이번에는 왼쪽에 1080개 SET을 모두 나열한다. 오른쪽에는 모든 가능한 12장의 카드 배열을 모두 나열한다. 지난 장에 의하면 이런 카드 배열은 모두 $\binom{81}{12}$개만큼 존재한다. 왼쪽에 놓인 각각의 SET은, [그림 3.4]와 같이, 12장의 카드 배열 속에 포함될 때 선으로 연결한다.

기댓값이란 12장의 카드 배열에 대응하는 **SET 개수의 평균**이 된다. 여기에 확률과의 관련성이 존재한다. 오른쪽에 있는 각각의 12장의 카드 배열은 모두 놓일 가능성이 같다. 그림의 오른쪽 편에만 집중했을 때, 카드 배열마다 SET 개수의 평균은 모든 선의 개수를 $\binom{81}{12}$로 나눈 값이 된다. 그러므로 우리는 이 그림의 모든 선의 개수를 구할 필요가 있다.

인접 세기에서는 선을 왼쪽에서 세든 오른쪽에서 세든 상관없이 그 개수가 일정하다. 그러므로 이제 왼쪽에 집중하자.

우리는 왼쪽에서 출발하는 선의 개수를 다음과 같이 구할 것이다. 먼저 SET을 하나 뽑고, 주변을 채워 12장의 카드 배열을 만들 것이다. 우리의 SET은 3장의 카드로 이루어져 있으므로, 카드 배열에서 9장을 더 채워 넣어야 하며, 이는 총 78장의 카드에서 뽑아야 한다. 그러므로 SET은 $\binom{78}{9}$개 12장의 카드 배열에 놓여있게 되며, 왼쪽의 각각의 SET은 $\binom{78}{9}$개 선을 통해 오른쪽의 카드 배열에 연결된다. 그러므로 선의 총 개수는 $1080 \times \binom{78}{9}$이다.

우리가 그림의 모든 선의 개수를 구하였기 때문에, 기댓값을 구하면 다음과 같다.

$$\text{기댓값} = \frac{1080 \times \binom{78}{9}}{\binom{81}{12}} \approx 2.78$$

이것은 우리가 처음 카드 배열에서 평균적으로 2, 3개 SET을 기대할 수 있다는 것을 의미한다.

이 계산에는 아름다운 부분이 있다. 그림에서 모든 선의 개수를 구해야 하는데, 이를 왼쪽에서 계산하기는 대단히 쉬웠으나, 오른쪽에 집중하면 계산이 대단히 어려웠다. 왼쪽 편에서 계산함으로써 기댓값을 직접 구할 수 있었다. 하지만 만일 우리가 오른쪽에만 집중한다면, $P(0)$을 12장의 카드 배열에 SET이 하나도 없을 확률이라 두고, $P(1)$을 하나의 SET이 있을 확률이라 두고, 이를 반복하면 기댓값은 $EV = P(0) \times 0 + P(1) \times 1 + P(2) \times 2 + \cdots$이 된다.

하지만 우리는 P(0), P(1), P(2)의 값이나 이와 관련된 확률들을 전혀 알지 못한다! (사실 지난 절 끝에서 P(0)를 계산하는 것이 불가능해서 계산을 멈춘 바 있다.) 여기에서 문제는, 이전의 인접 세기와는 다르게, 모든 카드 배열이 같은 수의 SET을 포함하지는 않는다는 점이다. 그러므로 각각의 SET은 같은 개수의 카드 배열에 포함(왼쪽 부분은 균질(regular)하다고 할 수 있다)되는 반면에, 카드 배열 쪽은 다르게 행동한다. 어떤 카드 배열에는 SET이 하나도 없어서 선이 전혀 없는 반면, 어떤 배열에는 선이 많이 존재한다. (12장의 카드 배열에서 포함하는 SET 개수의 최댓값은 14개이다. 어떻게 구할 수 있는가? 프로젝트 5.1에서 하게 될 것이다.)

소피 : 나는 기댓값이 좋아, 정말로 유용하거든. 2.78개 SET이 답인 것이 말이 되는 게, 보통 우리가 처음 배열된 카드에서 2~3개 SET을 발견하거든.

에두아르도 : 그래, 우리가 SET을 발견하지 못할 정확한 확률을 구하지 못하기는 하지만, 평균을 구할 수 있다는 것은 좋은 일이야.

테디 : 지난 절에서 몇 가지 확률 문제의 답을 구하는 쉬운 방법이 있었던 것을 기억해 봐. 아마도 이 기댓값을 계산하는 또 다른 방법이 분명히 있을 것 같아.

소피 : 아마도 처음 카드 배열에서 3장의 카드를 뽑는 경우의 수는 $\binom{12}{3}$가지이고, 그들이 SET이 될 확률은 $\frac{1}{79}$였잖아. 그러면 SET의 기댓값은 단순히 $\binom{12}{3} \times \frac{1}{79}$가 되어야 하는 것 아닐까?

에두아르도 : (계산기를 가져온다) 똑같네! 이 경우도 2.78이 나와.
테디 : 마치 마법 같다.

이 똑똑한 아이디어는 일반적으로 성립하는데, **기댓값의 선형성** (linearity of expected value)을 사용한다. 이것은 마법같이 느껴지는 데, 왜냐하면 한 사건이 일어나는 것은 다른 사건들에 영향을 끼치기 때문이다. 예를 들어 첫 세 장의 카드가 SET을 이룬다면, 우리는 1, 2, 4번째 카드가 SET을 이루지 못한다는 사실을 알고 있다. 하지만 이것은 기댓값 계산에서는 상관이 없다. 우리는 이러한 접근 방법을 이번 장 마지막에 사용할 것이고, 이후 7장에서 또 다시 사용할 것이다.

첫 카드가 9장이거나 15장일 때에도 SET이 나올 기댓값을 구할 수 있다. 인접 세기 방법을 사용하거나 소피의 똑똑한 아이디어를 쓰면 다음을 찾을 수 있다. "랜덤한 9장의 카드에서는 1.06개 SET을 기대할 수 있고, 15장의 카드에서는 5.76개 SET을 기대할 수 있다."

소피 : 기댓값은 왜 12장의 카드 배열이 시작으로 적절한지를 보여주고 있어. 9장의 카드에는 평균적으로 SET이 충분하지 않고, 15장의 카드에는 SET이 너무 많거든. (그리고 15장을 한 눈으로 스캔하는 것은 쉽지 않다.) 나는 기댓값이 정말 좋아!

테디 : 이미 그 이야기는 했어. 하지만 불행하게도 어떤 아이디어도 두 번째 12장의 카드 배열에서는 SET의 개수의 기댓값을 구하는 데에 사용될 수 없고, 그 이후에도 마찬가지야.

에두아르도 : 그런데 교차SET에 대해서도 처음 카드 배열에서 비슷한 질문을 할 수 있을 것 같은데…

보드게임 SET에
담긴 수학 1

3.4 SET에서 교차SET으로, 그리고 확률

이제 교차SET에 대한 질문들로 돌아가 보자.

> 소피 : 만일 내가 네 장의 카드를 랜덤하게 뽑으면, 교차SET이 될 확률은 얼마일까?
>
> 테디 : (볼멘 목소리로) 교차SET이 무엇인지 기억이 안 나.
>
> 에두아르도 : (참을성 있게) 교차SET이란 네 장의 카드야. 한 장을 공유하는 2개의 SET에서 공유하는 카드를 뺀 것이지.
>
> 테디 : 아, 이제 기억난다. 만일 두 SET을 완성하는 한 장의 카드가 남아있으면 어떻게 되지? 상관이 있나?
>
> 소피 : 아니, 나는 12장의 카드 배열에서 너희들이 교차SET을 찾는 것을 이야기한다고 생각하고 있어. 이 경우, 우리가 관심이 있는 것은 네 장의 카드거든. 만일 두 SET을 완성하는 중심 카드가 존재하더라도 여전히 네 장의 카드는 교차SET이야.

질문 6

SET의 전체 카드 한 묶음에서 랜덤하게 네 장의 카드를 뽑자. 그 카드들이 교차SET이 될 확률은 얼마인가?

우리는 이 질문에 빠르게 답할 수 있는 적절한 도구를 이미 가지고 있다. 2장에서 카드 한 묶음에는 63180개 교차SET이 있음을 보인 바 있다. 네 장의 카드를 뽑는 경우의 수는 $\binom{81}{4}$이므로,

$$P(\text{교차SET}) = \frac{63180}{\binom{81}{4}} = \frac{3}{79} \approx 3.8\%$$

테디 : 정말 재미있네! 임의의 네 장의 카드가 교차SET이 될 확률이 임의의 세 장의 카드가 SET이 될 확률의 정확히 세 배가 되네.

소피 : 그래, 기댓값은 어떨까? 처음 12장의 카드 배열에서 얼마나 많은 교차SET을 기대할 수 있을까?

질문 7
처음 12장의 카드 배열에서 교차SET의 기댓값은 얼마인가?

이 질문에는 놀라운 대답을 할 수 있다.[32] 먼저 소피가 12장의 처음 카드 배열에서 SET의 기댓값을 구할 때 사용했던 똑똑한 아이디어(기댓값의 선형성)를 사용할 것이다.

다음과 같이 하면 된다. 먼저, 12장의 처음 카드 배열에서 네 장을 뽑는 경우의 수는 $\binom{12}{4}$이다. 각각의 네 장의 카드가 교차SET이 될 확률은 (조금 전에 질문6에서 계산했듯이) $\frac{3}{79}$이다. 그러므로 기댓값은 이 두 수의 곱이 된다.

---

32) 적어도 저자와 번역자에게는 그러하다.

$$\mathrm{EV}(12장의\ 카드\ 중\ 교차 SET\ 개수) = \frac{3}{79}\binom{12}{4} \approx 18.8$$

계산이 맞는지 확신하기 위해, 인접 세기를 이용하여 빠르게 다시 계산을 할 것이다. 63180개 교차SET을 왼쪽에 놓고 오른쪽에는 $\binom{81}{12}$개 12장의 카드 배열을 놓는다. 각각의 교차SET은 $\binom{77}{8}$개 12장의 카드 배열에 포함되므로, 인접 그래프의 선의 개수는 $63180 \times \binom{77}{8}$이 된다. 이를 $\binom{81}{12}$로 나누면, 기댓값을 얻는다.

$$\mathrm{EV}(12장의\ 카드\ 중\ 교차 SET\ 개수) = \frac{63180 \times \binom{77}{8}}{\binom{81}{12}} \approx 18.8$$

소피 : 잠깐, 잠깐, 잠깐, 잠깐! 이럴 리 없잖아! 너무 숫자가 커!

에두아르도 : 하지만 분명히 맞게 두 번이나 계산했고, 수학은 거짓말을 하지 않는다고. 그러니까 우리는 왜 이렇게 많은 교차SET이 존재하는지를 이해하려 노력해야 할 거야.

테디 : 그래, 시작부터 생각해보자. 교차SET은 어떻게 만들지?

소피 : 우리는 똑같은 카드를 중심으로 갖는 2개의 **SET**이 필요해.

에두아르도 : 그러니까 주어진 배열에서 네 장의 카드를 뽑아서 그들을 두 장씩 한 쌍으로 나누는 모든 경우를 보아야겠네.

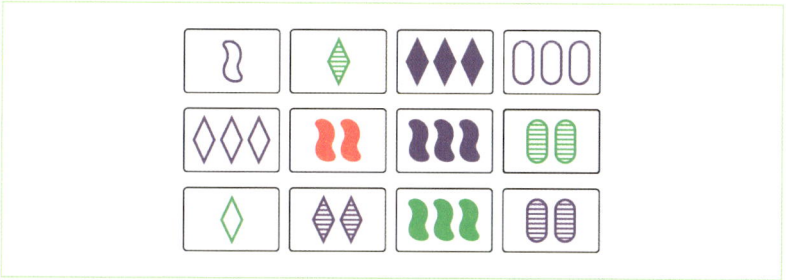

[그림 3.5] 게임을 시작하는 카드 배열. 교차SET은 얼마나 있는가?

테디 : 흠. 네 장을 뽑는 경우의 수는 $\binom{12}{4} = 495$야.

소피 : 하지만 네 장의 카드에 대해 각각을 쌍으로 나누는 경우는 세 가지가 있어: 만일 네 장의 카드가 A, B, C, D였다면, 쌍으로 나누는 방법에는 AB와 CD, AC와 BD, AD와 BC가 있어.

에두아르도 : 그러니까 사실은 $495 \times 3 = 1485$가지 경우를 확인해봐야 한다는 뜻이네.

소피 : 자, SET의 개수를 찾을 때와 비교해보면, 우리는 단지 $\binom{12}{3} = 220$가지 경우만 확인했었어. 우리가 확인해야 할 경우의 수가 거의 7배가 늘었어!

테디 : 그리고 기댓값도 거의 7배가 커졌어! 소름 끼친다! 실제 카드들을 놓고 교차SET이 얼마나 많은지 한 번 확인해보자.

친구들은 [그림 3.5]에 있는 12장의 카드들로 갔다. 이것은 [그림 3.3]에서 보았던 것과 같은 그림이다. 이번의 목표는 주어진 배열에서 모든 교차SET의 개수를 찾는 것이다. 그들은 교차SET을 찾는 것이 SET을 찾는 것보다 시간이 더 오래 걸린다는 것을 금방 알아차릴 수 있었다.

> 테디 : 자, 이것으로 새로운 게임을 만들 수도 있겠다. 12장의 카드를 배열해놓고, 교차SET을 만드는 카드들을 적는 거야. 타이머를 놓고 가장 많은 것을 쓴 사람이 이기는 거지.
> 소피 : 그건 SET 게임의 재미있는 변형이 되겠네. 그래서 모두 합쳐 몇 개나 찾았니?

이 카드 배열에서는 17장의 카드가 2개 선을 만들고 있으며, (그러므로 17개 교차SET을 만든다) 한 장의 카드는 3개 선을 만들고 있다. (그러므로 1개 삼중 교차SET을 만든다) 모든 목록은 이번 페이지 끝의 각주에 나열되어 있으며, 교차SET의 중심 카드는 어느 것도 12장의 카드 배열에 포함되어 있지 않다.[33]

우리의 교차SET의 기댓값 계산에서는 삼중 교차SET은 3개로 셌는데, 왜냐하면 3개 쌍들이 각각 교차SET이 되기 때문이다. 같은 이유로 사중 교차SET은 $\binom{4}{2}= 6$개로 세어진다. 삼중 교차SET은 처

---

33) 우리는 미친 듯이 카드를 섞은 후 앞의 12장을 뽑아서 카드를 나열하였다. 정말이다. 삼중 교차SET을 채우는 카드는 '1개 보라 속이 찬 꿈틀이'이고, 나머지 평범한 17개 교차SET을 채우는 중심 카드는 '1개 초록 줄무늬 꿈틀이', '3개 빨강 속이 찬 다이아몬드', '3개 빨강 속이 찬 꿈틀이', '3개 빨강 줄무늬 다이아몬드', '3개 보라 속이 찬 둥근 모양', '3개 보라 줄무늬 둥근 모양', '3개 보라 줄무늬 다이아몬드', '2개 빨강 속이 빈 다이아몬드', '2개 빨강 줄무늬 꿈틀이', '2개 초록 속이 빈 둥근 모양', '2개 빨강 줄무늬 둥근 모양', '2개 보라 속이 빈 다이아몬드', '2개 보라 줄무늬 꿈틀이', '1개 빨강 속이 빈 다이아몬드', '1개 빨강 속이 빈 둥근 모양', '1개 빨강 속이 찬 둥근 모양', '1개 보라 속이 빈 다이아몬드'이다.

음 12장의 카드 배열에서 얼마나 많이 기대할 수 있을까? 사중 교차SET은? 연습문제 3.3을 보자.

우리는 SET이 없는 카드 배열의 최대 수는 20장임을 알고 있다 교차SET은 어떨까?

> **질문 8**
> 교차SET이 없는 카드 배열의 최대 수는 몇 장인가?

이와 관련된 논문으로는 Baker와 공저자들이 College Mathematics Journal, 44, no. 4 (2013년 9월), 258-264에 쓴 ⟨Sets, planets, and comets⟩이 있다. 이 논문에서는 (많은) 저자들이 같은 평면에 놓인 네 장의 카드를 planet(행성)이라 정의하였다. 그러므로 planet은 교차SET을 만드는 네 장의 카드이거나, 하나의 SET과 다른 한 카드로 구성되어 있다. 이 논문에는 컴퓨터로 계산을 하여 10장의 카드 배열은 반드시 planet을 포함하지만, 9장의 카드 배열 중에는 planet이 없는 것이 존재함을 보였다.

그들의 결과로부터 질문 8의 답이 최소한 10장임은 알 수 있다. 하지만 planet이 교차SET과 동일한 것이 아니기 때문에, 10장의 카드 배열이 항상 교차SET을 포함한다는 것을 보인 것은 아니다. 분명히 더 해야 할 작업이 남아 있다.

3.5 마지막 질문들

[그림 3.6] 사라의 카드와 엘리의 카드

    마지막 절에서는 두 장의 카드를 랜덤하게 뽑아 카드들이 가진 서로 다른 속성의 개수를 탐구할 때에 파생되는 재미있는 확률들과 기댓값 문제들을 다루겠다.

> **질문 9**
> 두 명의 친구, 사라와 엘리가 전체 카드 묶음에서 임의로 두 장의 카드를 꺼냈다. 서로 공유하는 속성의 개수는 몇 개일까?

    예를 들어 사라와 엘리가 각각 한 장의 카드를 전체 카드에서 뽑았다고 하자. 그 두 장의 카드가 아무런 속성을 공유하지 않을 가능성은 얼마나 되는가? 2개나 3개일 경우는? 평균적으로는 어떠한가? 공유하는 속성 개수의 기댓값은 어떠한가?
    상황을 명확하게 하기 위해, 사라와 엘리가 [그림 3.6]의 두 장의 카드를 뽑았다고 해보자.
    이 두 장의 카드는 3가지 속성인 개수, 무늬, 모양이 다르다.
    왜 우리가 이런 질문에 관심을 가지는가? 자, 일단 두 장의 카드

[그림 3.7] 사라와 엘리의 카드를 포함하는 SET

를 뽑고 나면, (SET의 기본정리에 의해) 두 장의 카드를 포함하는 SET이 유일하게 하나만 존재한다! 그리고 SET에서 서로 다른 속성의 개수는 두 장의 카드에서 서로 다른 속성의 개수와 일치한다. 그러므로 우리는 서로 다른 종류의 SET에 대한 질문들을 두 장의 카드를 뽑는 문제로 변환할 수 있다.

앞의 예로 돌아가서, 사라와 엘리가 뽑은 카드를 포함하는 SET을 [그림 3.7]에서 만들었다. 이 SET은 하나의 속성(색깔)이 동일하고 나머지 3가지의 속성은 다르다.

우리의 두 장의 카드가 모두 다른 속성을 가질 확률을 계산해보자. 사라가 위와 같이 '1개 빨강 속이 빈 다이아몬드'를 뽑았다고 해보자. 엘리가 뽑을 수 있는 모든 속성이 다른 카드는 모두 몇 개인가?

먼저 개수를 생각해보자. 사라의 카드가 1개 기호를 가지기 때문에 엘리의 카드는 2개나 3개 기호를 가져야 한다. 색깔의 경우, 사라의 카드는 빨간색이므로, 엘리의 카드는 초록색이나 보라색이어야 한다. 비슷하게 모양에도 두 가지 가능성이, 무늬에도 두 가지 가능성이 존재한다. 그러므로 엘리의 카드에는 $2 \times 2 \times 2 \times 2 = 16$가지 가능성이 있다. 엘리는 총 80장의 카드를 뽑을 수 있으나, 그 중 16개만이 조건을 만족시키기 때문에, 두 장의 카드가 모두 속성이 다를 확률은 $\frac{16}{80} = 20\%$가 된다.

우리는 같은 계산을 두 장의 카드가 하나의 속성만 다를 때, 2개가 다를 때, 3개가 다를 때를 각각 계산할 수 있다. 두 장의 카드를 카드 묶음에서 임의로 뽑았을 때 확률은 다음과 같다.

- 네 속성이 모두 다른 경우 20%
- 세 속성만 다른 경우 40%
- 두 속성만 다른 경우 30%
- 한 속성만 다른 경우 10%

이 확률들과 SET과의 관련은 다음과 같다. 2장에서 20%의 SET이 네 속성이 모두 달랐고, 40%가 세 속성만 달랐으며, 30%는 두 속성만 달랐고, 10%의 SET은 하나의 속성만 다른 것을 확인했었다. 이 결과는 위의 값과 서로 정확히 일치한다! 이 책의 7장에서는 이 관계를 더 많은 전체 카드들과 더 많은 속성에 대해서 탐구하며 멋진 근삿값을 구할 것이다.

소피 : 정말로 재미있었어. 이제 게임을 더 잘 이해하게 된 것 같아.

에두아르도 : 그래, 우리는 재미있는 확률 문제들의 답을 찾아보았고, 기댓값을 계산하는 몇 가지 방법들을 살펴보았지.

소피 : 기댓값은 대단해. 우리가 게임을 할 때 얼마나 많은 SET이나 교차SET이 있는지 알려주잖아. 내가 기댓값을 정말로 좋아한다는 이야기를 했었나?

에두아르도와 테디 : 한두 번은 말했던 것 같아.

소피 : 이제 내가 무엇을 원하는지 알 것 같아. 함께 게임할 시간이지?

에두아르도와 테디 : 그래!

연/습/문/제

3.1. 이번 장의 질문 3에서 랜덤하게 뽑은 네 장의 카드 중 SET이 하나도 없을 확률을 계산했었다. 이번 장에서 두 가지 다른 방법으로 이 문제를 해결하여 답으로 $\frac{75}{79}$를 구했다. 여기에서 세 번째 풀이 방법을 소개한다.

  a. 먼저 세 장의 카드 A, B, C를 랜덤하게 뽑자. 당신이 뽑은 세 장의 카드가 SET을 이루지 않을 확률은 얼마인가?

  b. 이제 네 번째 카드 D를 고르자. ABD, ACD, BCD가 SET이 되지 않을 확률을, D가 몇 가지 경우가 가능한가를 통해 구하시오.

  c. (a)와 (b)에서 구한 답을 곱해서 네 장의 카드에서 SET이 없을 확률을 구하시오. 왜 이 방법이 성립하는지 설명하시오.

3.2. 이번 장의 질문 2, 3, 4에서 랜덤하게 뽑은 세 장, 네 장, 다섯 장의 카드에서 SET이 없을 확률을 구하였다. 여섯 장의 카드에서 SET이 없을 확률을 구하시오. [첫 과정으로 다음과 같이 할 수도 있다. 하지만 무시해도 상관없다.]

  • 여섯 장의 카드에는 1개, 2개, 3개 SET이 가능하다. 세 가지 경우의 확률을 각각 계산하시오.

3.3. **삼중 교차SET(triple interset)**이란 세 쌍으로 나누어지는 여섯 장의 카드로 구성되어 있으며, 세 쌍을 SET으로 만드는 한 장의 카드가 존재하는 것이다. 예를 들면 [그림 3.8]의 여섯

> 보드게임 SET에
> 담긴 수학 1

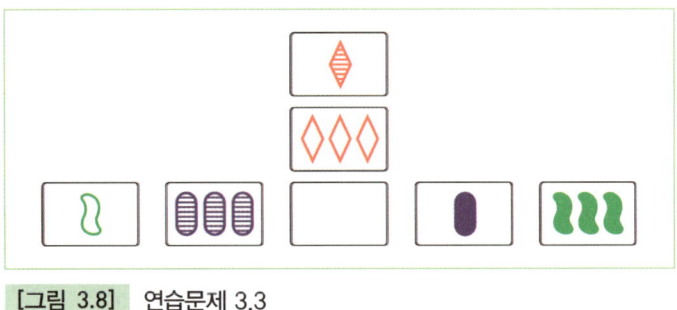

[그림 3.8]   연습문제 3.3

장의 카드는 삼중 교차SET인데, '2개 빨강 속이 찬 다이아몬드'가 각 쌍을 SET이 되게 한다.

a. 만일 여섯 장의 카드가 삼중 교차SET이 된다면, 쌍들이 유일함을 보이시오. 즉, 여섯 장의 카드를 세 쌍으로 나누는 방법이 유일함을 보이시오.

b. 한 묶음의 카드에 있는 삼중 교차SET의 개수를 구하시오. [**힌트** : 교차SET의 개수를 구할 때 사용했던 방법을 변형하시오.] 그 후 랜덤하게 뽑은 여섯 장의 카드가 삼중 교차SET이 될 확률을 구하시오.

c. (b)의 답과 인접 세기 방법을 이용하여 12장의 초기 카드 배열에서 삼중 교차SET의 개수의 기댓값을 구하시오. 그 후 몇 가지 초기 카드 배열을 놓고 삼중 교차SET을 직접 찾아서 답을 확인해 보시오.

d. (만일 당신이 모험을 좋아하던지, 아니면 이상한 사람이면) (b)와 (c)를 여덟 장의 카드로 이루어진 **사중 교차 SET(quadruple interset)**에 대해 반복하시오.

3.4. 두 친구 사라와 엘리가 각각 카드 한 묶음에서 한 장씩의 카드를 뽑았다고 하자. 다음 확률을 구하시오. [**힌트** : 당신이 구한 답이 3.5절 끝에 있는 답과 일치해야 한다.]

   a. 무작위로 뽑은 두 장의 카드에서 정확히 3가지의 속성이 다를 확률을 구하시오.

   b. 무작위로 뽑은 두 장의 카드에서 정확히 2가지의 속성이 다를 확률을 구하시오.

   c. 무작위로 뽑은 두 장의 카드에서 정확히 1가지의 속성이 다를 확률을 구하시오.

보드게임 SET에
담긴 수학 1

프/로/젝/트

3.1. 이 프로젝트는 카드가 여섯 장 남고 게임이 끝났을 때 ([그림 3.9]) 무슨 일이 벌어지는가에 대한 것이다. 먼저 카드를 세 쌍으로 나눈다. 예를 들면, [그림 3.10]과 같이 나눌 수 있다. 이제, 각각의 쌍에 대하여, 각각의 쌍을 포함하는 SET을 만드는 새로운 카드들을 찾는다. 위의 예에서는 [그림 3.11]과 같다. 이 세 카드가 SET을 이루는 것을 확인하라! 우리는 이 사실을 4장에서 증명할 것이지만, 지금 스스로 증명을 시도해보아야 한다. 이렇게 만들어진 SET은 2가지의 속성(색깔과 무늬)이 일치하고 2가지의 속성(개수와 모양)은 서로 다르다.

[그림 3.9] 게임이 끝났을 때 남은 여섯 장의 카드

[그림 3.10] 세 쌍의 카드들

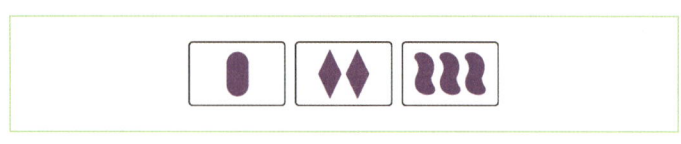

그림 3.11 이 세 장의 카드들은 세 쌍의 카드들을 SET으로 만든다

만일 카드들을 다르게 쌍으로 묶으면 어떻게 되는가? 우리는 항상 SET을 얻게 되지만, 이 "SET"은 한 장의 동일한 카드가 세 번 반복되기도 한다.

당신이 이 프로젝트에서 해야 할 일은 다음과 같다.

a. 먼저, [그림 3.9]에 주어진 여섯 장의 카드들을 세 쌍으로 묶는 모든 방법을 찾아서 나누어라. [힌트 : 총 15가지 방법으로 세 쌍으로 나눌 수 있다.]

b. 각각의 쌍을 SET으로 만드는 새로운 카드 세 장을 찾아라.

c. 새로운 카드로 만들어진 SET에 대하여 서로 다른 속성의 개수를 구하여라.

d. 여섯 장의 카드는 이제 서로 다른 15개의 SET을 만든다. 모든 속성이 다른 경우는 몇 개가 있는가? 3가지의 속성이 다르고 하나만 같은 경우는 몇 개인가? x_0를 속성이 하나도 같지 않은 SET의 개수, x_1을 속성이 하나만 같은 SET의 개수, …와 같이 정의하자. (카드들이 정확히 삼중교차SET이 될 때에 $x_4 = 1$이 성립한다는 사실을 알아두자.) 숫자들의 배열 $\{x_0, x_1, x_2, x_3, x_4\}$을 여섯 장의 카드의 **부호(signature)**라 부르자.

e. (이 부분이 핵심이다.) 부호는 총 $\binom{19}{4} = 3876$개가 존재[34]할 수 있다. (이 숫자는 집합 $\{0,1,2,3,4\}$에서 중복을 허락하여 15개 부분집합을 뽑는 경우의 수와 같다.) 이 중에서 게임이 여섯 장의 카드로 끝났을 때 이 카드들로부터 얻을 수 있는 가능한 부호는 총 몇 개인가?

---

34) (역자주) 한국 고등학교에서는 이를 방정식 $x_0 + x_1 + \cdots + x_4 = 15$를 만족하는 음이 아닌 정수해의 개수로 설명하고 있으며, 이 개수는 $_5H_{15} = {}_{19}C_{15} = {}_{19}C_4$가 된다.

CHAPTER
04

SET과 모듈로 연산

보드게임 SET에 담긴 수학

4.1 모듈로 연산이란 무엇인가?

세 명의 또 다른 친구들인 샤멜라(Shamella), 에린(Erin), 타일러(Tyler)는 다른 친구들이 우리 책의 캐릭터가 되어 얼마나 즐거운 시간을 보냈는지에 대해 듣게 되었다. 그들은 방금 대학 생활을 시작했는데, 샤멜라는 그녀가 새로 듣게 된 수학 강좌인 정수론에 대해 이야기하고 싶어 한다.

샤멜라 : 오늘 우리 수학 선생님께서 모듈로 연산의 재미있는 응용을 보여주셨어.
에린 : 모듈로 연산이 무엇이야?
타일러 : 잠깐, 1장에서 본 기억이 나! 시계 계산이라고도 불린다고 했어.
에린 : 아, 그래, 이제 기억난다. 우리는 시계 문제를 풀었었지. 지금부터 100시간 이후가 몇 시인지 알아보는 문제를 배웠었어. 아니면 지금부터 어떤 시간 이후라도.
샤멜라 : 그래, 시계가 모듈로 연산에 대한 가장 자연스러운 예이기는 해. 일주일의 요일, 달의 날짜도 예가 되는데, 왜냐하면 달력은 순환(cyclic)하거든. 그리고 음악의 계이름도 그런데 왜냐하면 반복되거든! 그런데 우리 수학 선생님께서는 더욱 추상적인 질문들에 사용되는 예를 보여주셨어.

보드게임 SET에 담긴 수학 1

더 이상 진행하기 전에 1장에서 정의했던 기호를, 다시 떠올려 보자. 우리는 $a = b \pmod{c}$라는 기호를, a와 b를 c로 나누었을 때의 나머지가 같을 때 사용하기로 했었다. 그러므로 1장에서 본 바와 같이, $110 = 14 \pmod{24}$가 성립하는데 왜냐하면 110을 24로 나눈 나머지가 14이기 때문이야. (잠깐 알아두기: "mod"는 "모듈로(modulo)"를 줄여 쓴 것이다. 여기에서 24를 "modulus"라고 부르기도 한다.)

4.2 모듈로 연산 문제들

우리 세 명의 학생들은 샤멜라의 숙제에서 다음 문제들을 발견하였다.

질문 1
1987^{1987}의 일의 자릿수는?

에린 : 어떻게 풀어야 할지 전혀 아이디어가 안떠올라.
타일러 : 나도 그래! 계산기에 넣어봤는데, "계산불가(OVERFLOW)"라는 메시지가 떠.
에린 : 좋아, 그걸 답으로 써야겠다. 고마워.
샤멜라 : 얘들아, 진정해. 보기만큼 어려운 문제는 아니야. 좀 더 쉬운 버전의 문제로 시작해보자.
에린 : 알았어, $1987^1 = 1987$ 됐다.
타일러 : 1987^2는 어떻지? 머릿속에서 계산하기에는 너무 큰 수인데, 우리가 필요한 것은 일의 자릿수뿐이야. 아마도 1987의 마지막 자릿수만 제곱해보면 될 것 같아. 7을 제곱하면 49이므로, 1987^2의 일의 자릿수도 9가 될 것 같아. 내가 계산기로 확인해볼게. $1987^2 = 3948169$이므로 내가 맞았다. 멋진걸.
샤멜라 : 그래, 그 방법이 항상 성립해. 우리가 어떤 숫자의 거

듭제곱의 일의 자릿수를 구해야 한다면 일의 자릿수만 고려하면 충분해.

에린 : 그러면 7^{1987}만 생각하면 되겠네. 그런데 이것도 여전히 너무 크잖아, 그렇지 않니?

타일러 : 확실히 그래. 하지만 패턴을 찾아볼 수 있을 것 같아. 1987^n에 대하여 $n=1$이면 일의 자릿수가 7이고, $n=2$이면 9였어. $n=3$일 때에는 어떻게 되지?

샤멜라 : 그래, 이렇게 문제를 생각해 볼 수 있겠다. $n=3$이면 7^3을 계산해야 하는데, 그 값은 343이야.

에린 : 방금 전에 $7^2=49$였고, $7 \times 9 = 63$이니까, 일의 자릿수는 3이어야 하겠네.

타일러 : 그래! 내 생각보다 훨씬 쉽구나. 자, $n=4$일 때에는 이전 일의 자릿수였던 3에 7을 곱하면 되겠네. 3에 7을 곱하면 21이기 때문에 일의 자릿수는 1이야. 그리고 $n=5$일 때에는 $1 \times 7 = 7$이므로 다시 7로 돌아오게 되네.

샤멜라 : 좋아, 패턴을 찾았다! 7 이후에는 다시 9로 돌아오는데, $7 \times 7 = 49$이기 때문이고, 그 후 계속 반복되겠네. 이러한 문제에서는 항상 벌어지는 현상이겠네 – 일의 자릿수가 특정 패턴으로 반복되고 주기가 생기는 것. 이번 경우는 패턴이 7, 9, 3, 1, 7, 9, 3, 1, …이 되겠네.

에린 : 오, 알겠다. 1987^n의 일의 자릿수는 7, 9, 3, 1 중의 하나이고, 이 숫자들은 이 순서대로 반복되는구나.

타일러 : 지금이 모듈로 연산이 필요한 순간이야! 이 경우 주기가 4이기 때문에 우리는 mod 4로 생각해야 해. 1987^n은 $n=1 \pmod 4$일 때 일의 자릿수가 7이고, $n=2 \pmod 4$일 때 일의 자릿수가 9이고, $n=3 \pmod 4$일

때 일의 자릿수가 3이고, $n = 4 \pmod 4$일 때 일의 자릿수가 1이다. 그러니까 이제는 1987이 mod4로 얼마인지를 알아야겠네.

샤멜라 : 그래! 이제 문제가 충분히 쉬워졌네. 하나만 짚고 넘어가면, $4 = 0 \pmod 4$가 성립해.

타일러 : 아, 말이 된다. 4의 배수인 수는 무엇이라도 $0 \pmod 4$가 되네.

샤멜라 : 그래, 우리가 mod$n$을 생각할 때 마다 $n = 0 \pmod n$이 성립해. mod$n$에서 가장 큰 수는 $n-1$이 되지.

에린 : 그것은 n의 배수는 무엇이든 $0 \pmod n$이 된다는 것이네.

타일러 : 그러니까 우리가 정말로 알아야 하는 것은 1987이 4의 배수로부터 얼마나 떨어져 있느냐는 것이야.

에린 : 1987을 4로 나누어서 나머지를 보면 되지 않을까?

샤멜라 : 그래, 알았어. 계산기로 계산해보니 $1987 \div 4 = 496.75$가 나오네. 이제 어떻게 해야지?

타일러 : 음, 0.75는 $\frac{3}{4}$이니까, 나머지는 3이 되는 것 같아. 계산기로 확인해보면, $496 \times 4 = 1984$이므로 $1987 = (496 \times 4) + 3$이 되네.

샤멜라 : 좋아! 그러니까 $1987 = 3 \pmod 4$가 되는구나. 이제 $n = 3$일 때의 일의 자릿수만 기억해내면 되겠네. 3이었던 것 같아.

에린 : 그러니까 1987^{1987}의 일의 자릿수는 3이야.

타일러 : 짜잔!

샤멜라 : …생각보다 싱거운데. 다른 문제를 하나 더 풀어보자.

보드게임 SET에
담긴 수학 1

친구들은 정수론 책 주위에 모여서 다음 문제를 찾았다.

> **질문 2**
> 양의 정수 a, b, c에 대하여 $a^2 + b^2 = c^2$이 성립하였다. a나 b(혹은 둘 다) 3의 배수여야 함을 보이시오.

샤멜라 : 이건 더 멋진데. 이건 증명하라는 거잖아! 거기에 더해서 피타고라스 정리와도 관련되어서 더 멋져.

에린 : 그래, 하지만 또 한 번 어떻게 시작해야 할지 전혀 감이 잡히지 않는데.

타일러 : 나도 또 그래. 우리가 mod3을 생각해야 한다는 것은 알겠는데, 그 외에는 감이 잡히지 않아.

샤멜라 : 자, 이것은 a, b, c의 각각의 제곱과 관련되어 있으니까 먼저 제곱한 수를 mod3으로 생각해보자.

에린 : 그래, 만일 수가 mod3으로 0과 동치라면 제곱했을 때 $0^2 = 0$이므로 제곱은 여전히 0 (mod3)이야.

타일러 : 내 생각에는 3의 배수의 제곱은 여전히 3의 배수임을 말하고 있는 것 같아. 이것은 굳이 모듈로를 생각하지 않고도 알 수 있는 것 같아.

에린 : 이제 3의 배수가 아닌 경우를 생각해보자. 만일 수가 mod3으로 1과 동치라면 제곱했을 때 $1^2 = 1$이므로, 여전히 제곱한 결과는 1(mod3)이야. 만일 수가 mod3으로 2와 동치라면 제곱했을 때 $2^2 = 4$이고 $4 = 1$ (mod3)이므로 제곱한 결과는 1(mod3)이야.

샤멜라 : 그러니까 결국 제곱한 결과는 절대로 mod3으로 2와 동치가 될 수 없다는 사실을 찾은 거네.

[표 4.1] a^2, b^2, c^2 (mod 3)의 가능한 값들

a^2	b^2	$a^2 + b^2 = c^2$	가능한가?
0	0	0	네
0	1	1	네
1	0	1	네
1	1	2	아니오

친구들은 그들이 찾은 내용을 표로 정리하기로 하였다. [표 4.1]을 보자.

에린 : 만일 표의 앞 3개 열을 보면 $a^2 = 0$ (mod 3)이거나 $b^2 = 0$ (mod 3)이거나 둘 다 성립해야 한다. 그러므로 a와 b 중에서 적어도 하나는 3의 배수여야 하는데, 이것이 우리가 증명해야 할 내용이야!

샤멜라 : 그런데 아직 끝난 게 아니야. 만일 $a^2 = 1$ (mod 3)이고 $b^2 = 1$ (mod 3)일 때를 봐. 이 경우에는 어느 것도 3의 배수가 아니야. 하지만 둘을 더하고 나면 $c^2 = 2$ (mod 3)을 얻게 되는데, c^2은 완전제곱수이기 때문에 2(mod 3)일 수 없어. 그래서 이 경우는 불가능하지! 이제야 증명이 끝났네!

타일러 : 그래, 맞아. 일어날 수 있는 모든 경우에 대해서, 우리는 a와 b 중에서 적어도 하나는 3의 배수가 된다는 사실을 보였어. 이것이 우리 증명이야!

에린 : 멋지다! 재미있는 것은 우리가 완전제곱수는 무조건 mod 3으로 0 또는 1과 동치라는 사실도 보였다는 점이야.

샤멜라 : 난 정말로 정수론이 좋아. 완전제곱수는 다른 모듈로

(moduli)에 대해서도 비슷한 제한 조건을 주게 되는데, 정말로 멋져.

타일러 : "moduli"라고?

에린 : 그건 모듈로(modulus)의 복수형이야.

샤멜라 : 맞아. 정수론을 공부하게 되면 모듈로(moduli)와 같이 멋진 단어들을 많이 사용하게 돼.

4.3 다 멋지고 좋은데, SET과는 어떤 관련이 있는가?

> **응용 1**
> 세 장의 카드가 SET이 될 필요충분조건은 그들의 좌표의 합이 (0, 0, 0, 0) (mod3)이 되는 것이다

1장에서 표를 통해 각각의 속성들에 숫자를 부여했던 것을 기억해보자. 이 대응은 임의적이었으나, 우리는 책 전체를 통해서 [표 4.2]의 대응을 항상 유지할 것이다.

우리는 마법 주문 같이 개수, 색깔, 무늬, 모양을 사용할 것이다. 머릿속으로 따라해보자. 개수, 색깔, 무늬, 모양. 개수, 색깔, 무늬, 모양. 좌표를 읽을 때 이 주문을 외워두면 유용하다. (이것은 후에 마지막 카드 게임에서 유용하게 사용될 것이다) 이제 SET을 하나 뽑자. [그림 4.1]을 보자.

[표 4.2] 카드에 좌표를 부여하기

속성	값	좌표
개수	3, 1, 2	↔ 0, 1, 2
색깔	초록, 보라, 빨강	↔ 0, 1, 2
무늬	빈 무늬, 줄무늬, 속이 찬 무늬	↔ 0, 1, 2
모양	다이아몬드, 둥근 모양, 꿈틀이	↔ 0, 1, 2

>

[그림 4.1] 왼쪽에서 오른쪽 순서대로 좌표는 (2, 2, 1, 0), (2, 1, 1, 0), (2, 0, 1, 0)이다.

에린 : 1장에서 이 내용을 보았던 게 기억나. 우리 표를 이용해서 각각의 카드에 4개 좌표로 이루어진 벡터[35]를 대응시켰어.

타일러 : 맞아. 그런 후에 네 좌표를 mod3에서 더했어.

친구들은 카드들을 좌표로 변형했는데, 예를 들면 다음과 같다.

- 2개 빨강 줄무늬 다이아몬드 ↔ (2, 2, 1, 0)
- 2개 보라 줄무늬 다이아몬드 ↔ (2, 1, 1, 0)
- 2개 초록 줄무늬 다이아몬드 ↔ (2, 0, 1, 0)

다음으로 친구들은 세 벡터의 좌표들을 mod3에서 더했다.

- 첫 번째 좌표 : $2+2+2=6=0 \pmod 3$
- 두 번째 좌표 : $2+1+0=3=0 \pmod 3$
- 세 번째 좌표 : $1+1+1=3=0 \pmod 3$
- 네 번째 좌표 : $0+0+0=0=0 \pmod 3$

---

[35] 벡터는 이후에 중요한 역할을 하게 된다. 우리는 벡터를 mod3으로 표현된 숫자들의 순서쌍으로 생각한다. 벡터를 좋아한다면, 이 책의 8장 내용도 좋아할 것이다.

샤멜라 : 정말로 깔끔하다! 좌표들의 합의 네 가지 가능성이 모두 다 나와 있고, 모두 0(mod3)이 되고 있어. 이것이 말이 되는 게, 우리는 0+1+2를 더하든지 아니면 똑같은 수를 세 번 더하고 있기 때문에 항상 3의 배수가 되어야 하는데, 이 수는 0(mod3)이야.

타일러 : 마지막 질문 하나. 가짜 카드들로 속이는 것도 가능하지 않을까? 내 말은, 좌표의 합이 0(mod3)이 되지만 SET이 되지 않는 세 장의 카드가 있을 수 있지 않냐고.

에린 : 흠..

타일러의 질문은 생각해 볼 만한 가치가 있다. 우리의 용맹스러운 친구들은 세 장의 카드가 SET을 이룰 때 좌표의 합이 (0, 0, 0, 0)(mod3)임을 보였다. 타일러의 질문은 이에 대한 역이다. 만일 세 카드의 좌표의 합이 (0, 0, 0, 0)(mod3)이면 그 카드들이 SET을 이룬다는 것이다.

여기에서 왜 이것이 참인지 이유를 설명하겠다. 각각의 좌표에 대하여, 세 수의 합이 0이 되는 것은 이미 우리가 찾은 경우 밖에 없다.

- 만일 $a+b+c = 0 \pmod{3}$이면, $a = b = c$이거나 a, b, c는 0, 1, 2가 적절한 순서로 나열된 것이다.

이것을 "증명"하려면 단지 다른 경우들은 문제의 상황을 만족하지 않는다는 것들을 보이면 된다. 예를 들면, 만일 $a = b = 1$이고 $c = 2$이면 $a+b+c = 1 \pmod{3}$이므로 이 상황이 발생하지 않는다. 우리는 가짜 카드들이 존재하지 않는다고 결론을 내릴 수 있다. 좌

보드게임 SET에
담긴 수학 1

[그림 4.2] 두 장의 외로운 카드들. SET을 이루는 세 번째 카드를 찾아서 그들을 행복하게 해주자.

표의 합이 $(0, 0, 0, 0) \pmod{3}$일 때에만 세 장의 카드는 SET을 이룬다.

> **응용 2**
> 주어진 두 장의 카드에 대해, SET을 이루는 세 번째 카드를 찾으시오.

주어진 두 장의 카드에 대하여, SET의 기본 정리는 SET을 이루는 세 번째 카드가 유일하게 존재함을 알려준다. [그림 4.2]에 있는 카드들에 대해서는, 굳이 좌표나 벡터나 모듈로 연산을 하지 않더라도 쉽게 세 번째 카드를 찾을 수 있다. 하지만 이 문제를 풀기 위해 이 장에서 사용하는 기술이 어떻게 적용될 수 있는지는 살펴볼 가치가 있다.

우리 친구들은 좌표들을 문제에 좌표를 도입하는 것으로 시작하였다. 먼저 두 카드의 좌표는 다음과 같다.

- 2개 보라 속이 찬 꿈틀이 ↔ $(2, 1, 2, 2)$
- 2개 초록 속이 빈 꿈틀이 ↔ $(2, 0, 0, 2)$

[그림 4.3] 카드들이 친구가 되었다!

이제 (카드 대신) 벡터에 주목하여, 다음 절차를 진행한다. 찾아야 하는 카드의 벡터를 C라 하자. SET은 벡터의 합이 (0, 0, 0, 0)이어야 하므로,

$$(2, 1, 2, 2) + (2, 0, 0, 2) + C = (0, 0, 0, 0)$$

이 성립해야 한다.

 샤멜라 : 처음 두 카드를 더해서 식을 간단히 할 수 있을 것 같아. (2, 1, 2, 2)+(2, 0, 0, 2)=(1, 1, 2, 1)이니까

$$(1, 1, 2, 1) + C = (0, 0, 0, 0)$$

  가 성립해야 하네.

 에린 : 이제 쉬워졌네. 각각의 좌표를 0이 되게 하려면 C=(2, 2, 1, 2)이어야 해. 그래서

$$C = (0, 0, 0, 0) - (1, 1, 2, 1) = (2, 2, 1, 2)$$

  가 되.

 타일러 : 그런데 뺄셈을 하면 (0, 0, 0, 0) − (1, 1, 2, 1) = (−1, −1, −2, −1)이 되잖아. 어떻게 된 거지?

 샤멜라 : 그건 똑같은 거야. 그게 모듈로 연산이 멋진 이유야:

$$(-1, -1, -2, -1) = (2, 2, 1, 2) \pmod{3}$$

친구들은 [표 4.2]를 확인하여 벡터 (2, 2, 1, 2)를 카드로 바꾸었다. 그들은 이 카드가 [그림 4.3]과 같이 '2개 빨강 줄무늬 꿈틀이'인 것을 확인하였는데, 이는 게임을 하며 이미 알고 있었던 것이다.

타일러 : 잃어버린 카드의 벡터를 찾는 방법이 더 쉬운 게 아닐까? 연산을 계산할 필요 없이, 처음 두 좌표를 본 후, 둘 다 값이 2이기 때문에 잃어버린 카드의 첫 좌표도 2여야 함을 알 수 있어. 두 번째 좌표에서는, 0과 1이 보이기 때문에 잃어버린 카드의 두 번째 좌표는 2여야 함을 알 수 있고. 같은 아이디어가 나머지 두 좌표에도 적용되어 결국 (2, 2, 1, 2)를 얻게 되지. 얍!

에린 : 그래, 네가 맞아, 그 방법이 더 빨라. 하지만 이 방법이 잃어버린 카드를 찾는 것뿐만 아니라 앞으로 다루게 될 다양한 상황에서도 유용하게 쓰이기 때문에 의도적으로 다룬 거야.

샤멜라 : 미리 다루어보는 것, 정말로 기대된다!

응용 2.5

SET을 이루는 세 번째 카드를 다른 방법으로 찾으시오.

모듈로 연산은 대단히 강력해서 SET을 이해하는 또 다른 방법들을 알려주기도 한다. 고등학교 기하학의 아이디어를 잘 활용[36]하면 세 번째 카드를 찾을 수 있다.

---

36) 이런 일이 가능할 것이라 예상했는가? 우리는 예상하지 못했었다.

샤멜라 : 사실은 카드를 찾는 또 다른 방법이 하나 있어. 주어진 두 카드의 좌표들을 더한 후 2로 나누면 돼. 주어진 두 카드가 (2, 1, 2, 2)와 (2, 0, 0, 2)이니까 세 번째 카드는

$$C = \frac{(2,1,2,2) + (2,0,0,2)}{2}$$

가 돼.

에린 : 잠깐. 우리가 어떻게 2로 나누지? 2로 나눈다는 것은 무슨 뜻이야?

샤멜라가 의도한 것은 다음과 같다. 먼저 2로 나눈다는 것은 $\frac{1}{2}$를 곱한다는 뜻이다. 하지만 $\frac{1}{2}$은 mod3에서 사용할 수 있는 0, 1, 2 중 어느 것도 아니다.

이 문제를 해결하는 방법은 $\frac{1}{2}$를 2의 곱셈에 대한 **역원** (multiplicative inverse), 즉 2에 곱해서 1이 나오는 수로 해석하는 것이다. 우리가 이미 알고 있듯이 $2 \times 2 = 1 \pmod 3$이 성립하므로 $\frac{1}{2} = 2 \pmod 3$이다.

샤멜라 : 그러니까 2로 나누는 것은 mod3에서는 2를 곱하는 것과 같네. 정말로 멋지고 이상하다.

에린 : 실제로 성립하는지 확인해보자.

$$\begin{aligned} C &= 2((2,1,2,2) + (2,0,0,2)) \\ &= 2(1,1,2,1) \\ &= (2,2,1,2) \quad \pmod 3 \end{aligned}$$

타일러 : 성립하네, 우리가 찾았던 카드와 같은 결과야! 그런데 질문이 생겼어. 각각의 좌표를 더하고 2로 나누는 것은 선분의 중점을 구하는 공식이잖아. 그러면 두 카드의 "중점"이 SET을 완성하는 카드가 된다는 뜻이야?

에린 : 그것참 점점 더 이상해진다! 만일 우리가 가진 카드 A, B, C가 SET을 이루고 있다고 해보자. 중점에 대해 너의 이야기가 맞는다면, A는 B와 C의 중점이 되고, B는 A와 C의 중점이 되고, C는 A와 B의 중점이 된다는 이야기네. 그러니까

$$A = \frac{B+C}{2}, \quad B = \frac{A+C}{2}, \quad C = \frac{A+B}{2}$$

가 성립한다는 뜻인데, 이건 기하학적으로 말이 안 되잖아.

샤멜라 : 우리가 고등학교에서 배운 유클리드 기하학을 생각한다면 말이 안 되지. 하지만 이 세 장의 카드가 포함된 기하학은 평범한 기하학[37]이 아니야. 어떻든 이 방법이 성립하는 이유는 2로 나누는 것이 mod 3에서는 2를 곱하는 것과 같기 때문이야.

타일러 : 알았어. 먼저 두 좌표를 더하고 2를 곱하면 중점을 얻게 되는데, 이는 mod 3에서 2로 나누는 것과 동치라는 것이구나.

샤멜라 : 한 번 해보자. 에린은 이미 그녀 머릿속에서 해 보았는데, 우리는 좌표별로 하나씩 꼼꼼히 해보자.

---

37) 당연하다. 이 기하학을 알고 싶으면 5장과 9장을 보자.

우리의 카드들은 좌표가 (2, 1, 2, 2)와 (2, 0, 0, 2)였다. 그 후 각 좌표에서 중점 공식을 이용하는데 mod3에서 생각하기 때문에 2로 나누는 것이 아니라 2를 곱하여 생각한다.

1. 첫째 좌표 : $2+2=4$는 $1(\mathrm{mod}3)$이고, $1 \times 2 = 2$는 $2(\mathrm{mod}3)$
2. 둘째 좌표 : $1+0=1$은 $1(\mathrm{mod}3)$이고, $1 \times 2 = 2$는 $2(\mathrm{mod}3)$
3. 셋째 좌표 : $2+0=2$는 $2(\mathrm{mod}3)$이고, $2 \times 2 = 4$는 $1(\mathrm{mod}3)$
4. 넷째 좌표는 첫째 좌표와 동일한데, 둘 다 2이기 때문이다. 그러므로 마지막 좌표는 2이다.

샤멜라 : 성립하네. SET을 완성하는 카드의 좌표는 (2, 2, 1, 2)가 되어야 해.

타일러 : 나는 똑같은 문제를 서로 다른 방법으로 풀어서 동일한 답을 얻는 게 너무 좋아. 수학적으로 성립하면 정말로 멋지거든.

샤멜라 : 수학은 성립하게 되어 있어. 그것이 수학의 역할이거든.

응용 3

마지막 세 장의 카드

모듈로 연산을 몇 가지 문제에 성공적으로 적용한 후에, 우리의 친구들은 게임 마지막에 무슨 일이 벌어지는지 관심을 보이고 있다.

샤멜라 : 나한테 질문이 있어. 게임 마지막에 세 장의 카드가 남았을 때 무슨 일이 벌어질까?

에린 : 내 생각에는 그런 일은 한 번도 벌어지지 않을 것 같은데.

타일러 : 그래, 불가능해! 우리 카드 한 묶음은 81장이고, 이것들을 27개 SET[38])으로 나눌 수 있어. 그렇게 하는 수많은 방법이 있겠지만, 그것은 전체 카드 묶음의 합이 mod3으로 (0, 0, 0, 0)이 되어야 함을 의미해.

샤멜라 : 여기 다른 방식으로 생각해 볼 수도 있어. 만일 색깔을 생각한다면, 27장이 초록색, 27장이 보라색, 27장이 빨간색이야. 그 색들을 모두 합하면

$$27 \times 0 + 27 \times 1 + 27 \times 2 = 27 \times 3 = 0 \pmod 3$$

을 얻어. 이것은 숫자나 무늬나 모양에 대해서도 마찬가지야.

에린 : 아주 좋아 보이는데. 이제 우리가 게임을 한다면, 없어진 카드들의 묶음의 합은 (0, 0, 0, 0)이 되어야 하는데, 없앤 카드들이 모두 SET이고 사람들이 실수를 하지 않았다면 말이지.

타일러 : 어떻게 되는 건지 알겠다. 우리가 게임이 끝날 때 세 장의 카드가 남았다면, 우리는 우리가 없앴던 SET 묶음들의 합이 항상 (0, 0, 0, 0)임을 알고 있고, 전체 카드 묶음의 합이 (0, 0, 0, 0)임을 알고 있으니까, 마지막 세 장의 카드의 합도 (0, 0, 0, 0)이 되어야 해.

샤멜라 : 그러므로 게임이 끝날 때 세 장의 카드가 남았다면, 그 마지막 카드들은 반드시 SET이어야 하네.

에린 : 그래! 실제 게임에서 이런 일이 발생하면 정말로 재미있겠다. 만일 게임 끝에 여섯 장의 카드가 남았고, 여기에서 SET을 하나 찾았다면, 남은 세 장의 카드는 굳

---

38) 만일 SET 게임을 하며 모든 카드를 다 없앴다면, 당신은 카드 한 묶음을 27개 SET으로 나눈 것이다.

이 확인할 필요 없이 부조건 **SET**이 된다는 이야기잖아. 이러한 일이 생기면 바로 "**SET! SET!**"이라고 소리치고 여섯 장의 카드를 모두 가져가야 되겠네.

타일러 : 음, 소리쳐야 하는지는 모르겠어. 하지만 함께 게임하고 있는 사람들을 믿는다면[39] 당연히 성립하게 되겠지…

샤멜라 : 우리 잠시 쉬면서 전체 카드를 모두 없앨 때까지 게임을 해보자.

에린 : 1장에서 읽은 내용을 잊어버렸니? 카드를 모두 없애려면 거의 백번에 가까운 게임을 해야 할지도 몰라.

타일러 : 아니면 게임 규칙을 변형해서[40] 게임이 끝날 때 남은 카드를 모두 없앨 수 있을 때까지 **SET**을 계속 다시 분배하는 거야.

에린 : 그것도 시간이 오래 걸릴 것 같은데.

타일러 : 그러면 빨리 시작하자. 이야기하는 동안 시간이 낭비되니까. (몇 시간이 지났다…)

---

[39] 전체 카드 묶음으로 게임을 하고 있어야 한다.
[40] 이 변형된 게임을 카드를 모두 없애기(Clear the Deck)라 부르는데, 1권 마지막 장에서 소개한다.

> 보드게임 SET에
> 담긴 수학 1

4.4 마지막 카드 게임

[그림 4.4] 게임 끝에 남은 다섯 장의 카드. 한 장은 숨겨졌다.

> **응용 4**
> 마지막 카드 게임

1장에서 우리는 게임을 시작할 때 카드 한 장을 숨긴 후, 게임을 한 후에 남아있는 카드를 통해 숨긴 카드를 찾아내는 일을 했었다. [그림 4.4]는 (샤멜라, 에린, 타일러가 한) 게임 끝에 남은 여섯 장의 카드의 예이며, 한 장의 카드는 숨겨두었다.

    샤멜라 : 숨긴 카드를 찾기 위해 모듈로 연산을 어떻게 사용해야 할까?

    타일러 : 전체 카드 묶음의 합이 (0, 0, 0, 0)이라는 사실을 기억해. 모든 카드의 합이 (0, 0, 0, 0)이고 게임을 하며 없앤 각각의 **SET**의 합은 (0, 0, 0, 0)이기 때문에, 남은 카드의 합도 (0, 0, 0, 0)이 되어야 해.[41]

---

41) 아무것도 없는 것에서 없는 것을 빼면 아무것도 남지 않는다. (Billy

에린 : 그건 남은 카드들이 **SET** 같은 것이 된다는 뜻이 아닐까? 내 말은, 카드들이 **SET**이 될 필요충분조건이 카드들의 합이 (0, 0, 0, 0)이 되는 것이라는 걸 보였으니까.

샤멜라 : 우리가 이미 보였는데, 그것은 세 장의 카드에 대해서만 참이야. 하지만 세 장 이상의 카드 중에서 합이 (0, 0, 0, 0)이 되는 모음이 어떤 구조를 가지는가는 사실 재미있는 질문이야.[42]

타일러 : 내 생각에 중요한 것은 **각각의 속성**의 합이 0이 된다는 것이야. 그렇기 때문에 우리가 속성을 따로 놓고 본다면 숨긴 카드를 찾아낼 수 있는 거지.

에린 : 내 생각에는 다섯 장의 카드의 벡터 좌표를 구한 후에, $\mod 3$에서 모두 더하고 이를 $(0, 0, 0, 0)(\mod 3)$에서 빼면 숨긴 카드의 벡터가 나올 것 같아.

샤멜라 : 자, 난 그렇게 하지 않을래. 더 빠른 방법이 있거든.

타일러 : 그래, 많은 사람이 실제 게임을 하는 중에는 이런 계산을 할 것 같지 않아. 나는 확실히 안할 거야.

응용 4.5

숨긴 카드를 찾는 다른 방법들

숨긴 카드를 모듈로 연산을 이용하여 찾는 몇 가지 방법들이 있다. 여기에서 두 가지 방법을 소개한다.

Preston)

42) 이것을 3장에서 이미 보았다. 아홉 장의 카드였다면 이를 "comet(혜성)"이라 부른다.

보드게임 SET에 담긴 수학 1

1. 남은 카드들을 "하나의 속성 SET"으로 분류하는데, 다시 말하면 하나의 속성에 대하여 속성이 모두 일치하거나 모두 다른 세 장의 카드로 그룹을 짓는다. 여기에 그 아이디어를 자세히 소개한다.
   - 개수: [그림 4.4]의 카드들을 보고 먼저 숨긴 카드의 개수를 찾자. 개수에만 집중해서 (잠시 색깔, 무늬, 모양은 무시한다) 3개 기호를 가진 SET 하나를 옆으로 빼놓는다. 남은 두 장의 카드는 3개 기호와 2개 기호를 가졌으므로, 숨긴 카드는 1개 기호를 가지고 있다. 이로부터 2개 "개수 SET"을 얻는다.
   - 색깔: 색깔을 볼 때, 첫 세 장의 카드는 "색깔 SET"이 된다. 나머지 두 장의 카드는 초록색과 빨간색이므로 숨긴 카드는 보라색이어야 한다.
   - 무늬: 무늬에 대해서는 가운데 세 장의 카드가 "무늬 SET"이 되고, 양 끝의 두 카드는 모두 속이 비었기 때문에, 숨긴 카드는 속이 비어야 한다.
   - 모양: 마지막으로 모양에 대해서는, 오른쪽 세 장의 카드가 "모양 SET"이 되고, 나머지 두 카드는 다이아몬드와 둥근 모양이므로, 숨긴 카드는 꿈틀이다.

모두 합하면 숨긴 카드는 '1개 보라 속이 빈 꿈틀이'다.[43] 이 방법에 대한 마지막 코멘트를 하면, 속성 SET은 어떻게 만들더라도 상관이 없다는 것이다. 만일 다섯 장의 카드가 보라, 보라, 보라, 초록, 빨강이라 하자. 만일 당신이 보라 SET을 만들면 남은 카드는 빨강과

---

43) 찾은 속성들을 어떻게 기억할 수 있을까? 솔직히 우리도 수없이 많이 외웠지만 가끔 잊어버리기도 한다. 조언: 마법 주문을 기억하기 바란다. 개수, 색깔, 무늬, 모양! 이것을 머릿속에서 반복하면 이미 찾은 속성을 잊지 않도록 도움이 될 것이다.

초록이므로, 숨긴 카드는 보라가 된다. 반면에 당신이 보라-초록-빨강 SET을 만들면, 남아있는 카드는 모두 보라이므로 또다시 숨긴 카드는 보라가 된다. 당신이 속성 SET을 어떻게 만드는 지에 상관없이 항상 정답을 얻게 된다는 것을 스스로 확신할 수 있을 것이다.

2. 숨긴 카드를 찾는 두 번째 방법으로 모듈로 연산을 사용할 수 있다. 이것도 마찬가지로 속성별로 공략을 한다. 아이디어는 수가 mod3으로 일치해야 한다는 것이다. 여기에 [그림 4.4]를 예로 하여 자세히 방법을 설명한다.
    - 개수: 다섯 장의 카드 중에는 기호가 1개인 것은 없고, 하나는 기호가 2개이고, 네 개는 기호가 3개이다. 이것을 순서대로 쓰면 각각의 범주에서 0, 1, 4가 된다. 숨긴 카드는 이 세 숫자를 mod3으로 일치시켜야 한다. 그러므로 숨긴 카드는 기호가 1개이고, 우리의 순서쌍은 (1, 1, 4)가 된다.
    - 색깔: 우리는 2개 초록색, 1개 보라색, 2개 빨간색이 있다. 숨긴 카드는 보라색이 되어서 모든 개수가 mod3으로 일치하게 되어야 하는데, 그러므로 순서쌍은 (2, 2, 2)가 된다.
    - 무늬: 두 카드가 속이 비었고, 세 카드가 줄무늬이며, 속이 찬 카드는 없다. mod3로 개수가 같으려면 속이 비어야 한다. 이로부터 순서쌍은 (3, 3, 0)이 된다.
    - 모양: 2개 다이아몬드, 2개 둥근 모양, 1개 꿈틀이가 있다. 그러므로 숨긴 카드는 꿈틀이가 되어야 하고, 순서쌍은 (2, 2, 2)가 된다.

모두 합치면 이전과 동일한 답을 얻게 된다. '1개 보라 속이 빈 꿈틀이.' [그림 4.5]를 보자.

보드게임 SET에
담긴 수학 1

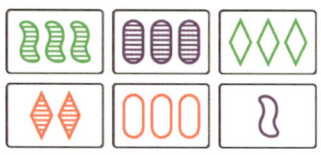

[그림 4.5] 게임이 끝났을 때 남은 여섯 장의 카드

타일러 : 첫 번째 방법은 이해를 하겠는데, 왜 두 번째 방법이 성립하는 거지? 왜 전체 개수가 mod3으로 같아야 하지? 정말로 다른 가능성은 없는 거야?

샤멜라 : (카드들을 열심히 쳐다본 후) 알 것 같아! 하나의 속성(예를 들면 색깔)만을 고려한 후에 전에 한 것과 같이 "한 속성 SET"들을 만들어 봐. 한 속성이 같은 세 장의 카드가 있다면, 그 속성에 대한 카드의 장수를 계산할 때 각 표현마다 0 또는 3이 더해지는데, 이 수들은 모두 0(mod3)이야. 그리고 한 속성이 모두 다른 세 장의 카드가 있다면, 속성에 대한 카드의 장수를 계산할 때 각 표현마다 1이 한 번씩 더해지기 때문에 장수의 합은 여전히 mod3으로 동치가 돼. 그렇기 때문에 "하나의 속성 SET"들을 함께 볼 때 각 표현에 대한 카드 장수의 합은 mod3으로 같게 되는 거야.

에린 : 모듈로 연산이 우리를 구해줬구나!

타일러 : 맞아, 우리는 속성을 나타내는 표현의 카드 수가 (4, 1, 1), (2, 2, 2), (3, 3, 0)인 경우를 보았어. 여섯 장의 카드가 남았을 때 다른 경우도 가능할까?

샤멜라 : 남은 여섯 장의 카드가 모두 같은 속성을 가지고 있다면 (6, 0, 0)도 가능하겠지. 예를 들면 모든 여섯 장의

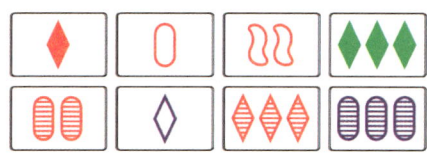

[그림 4.6] 마지막 카드 게임. 게임 끝에 남은 여덟 장의 카드이며 남은 한 장은 숨겼음. 숨긴 카드를 찾고, 그 카드를 포함하는 SET을 만드는 두 장의 카드를 여기에서 찾으시오.

카드가 보라색이던지, 모두 속이 차있던지, 모두 둥근 모양이던지. 흔하게 일어날 것 같지는 않아.
에린 : 아마도 그게 나타날 수 있는 모든 경우일 것 같아.

에린이 맞다. 나타날 수 있는 순서쌍은 반드시 (4, 1, 1), (3, 3, 0), (2, 2, 2), (6, 0, 0)이어야 한다. 이 아이디어를 확인하기 위해 친구들은 한 장의 카드를 숨긴 후 새로운 게임을 하였다. 이번에는 여덟 장의 카드가 남았다. [그림 4.6]을 보자.

위에서 제시했던 한 가지 또는 두 가지 방법을 써서 숨긴 카드를 찾아보는 도전을 해보기 바란다. 그 후에 SET을 찾아보자. 답은 아래에 있다.[44]

아홉 장의 카드가 게임 끝에 남았을 때, 속성들의 가능한 순서쌍은 (3, 3, 3), (5, 2, 2), (4, 4, 1)이 있다. 다른 순서쌍은 더 없는가? 연습문제 4.8에서 스스로 찾아보는 기회를 가질 수 있을 것이다.

마지막으로 당신은 마지막 카드 게임에서 첫 번째 방법(머릿속으로 속성 SET을 없애는 것)이나 두 번째 방법(mod3으로 같은 숫

---

[44] 숨긴 카드는 '2개 초록 속이 찬 둥근 모양'이고, 이 카드는 '1개 빨강 속이 빈 둥근 모양'과 '3개 보라 줄무늬 둥근 모양'과 함께 SET을 이룬다.

자를 만드는 것) 중 어느 것이 더 좋은 방법인지 궁금할 것이다. 우리의 경험에 따르면 첫 번째 방법이 더 빠르다. 당신은 둘을 혼합한 전략을 사용할 수도 있는데, 당신이 원한다면 하나의 속성에 대해서는 한 가지 전략을 쓰고 나머지 속성에서는 다른 전략을 쓰는 것이다. 하지만 이렇게 하는 것은 엄청 혼란스러울 것이다.[45]

---

[45] 이것도 경험에서 하는 이야기이다. 이 방법은 속도가 느리고 쉽게 헷갈리며 숨긴 카드를 잘못 찾을 때가 많다.

4.5 여섯 장의 카드 정리

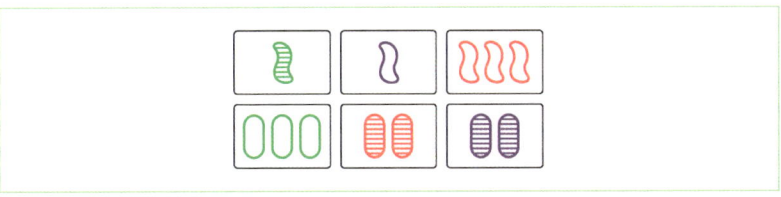

[그림 4.7] 샤멜라와 에린과 타일러가 한 게임 끝에 남은 여섯 장의 카드

[그림 4.8] [그림 4.7]의 카드들을 세로로 나누었을 때 **SET**을 만드는 세 장의 카드는 스스로 **SET**을 이룬다.

> **응용 5**
> 여섯 장의 카드 정리

우리의 세 영웅은 SET 게임을 하기 위해 쉬는 시간을 가지게 되었다. 그동안 우리는 바보 같은 SET 트릭(Stupid SET Trick)[46]이라 불렀던 정리를 탐구해보자. 게임 끝에 여섯 장의 카드가 남았다고 생각하자. 만일 카드들을 세 쌍으로 나눈다면, 각각의 쌍을 **SET**으로 만드는 새로운 카드 세 장은 **SET**을 이룬다. ([그림 4.7]과 [그림 4.8]을 보자.)

---

[46] 우리는 연습문제 1.2와 프로젝트 3.1에서 이 정리를 보았다. 이 정리는 우리 저자 중 한 명에 의해 처음으로 증명되었다. 잘했어, Hannah.

이 방법은 우리가 카드의 쌍을 어떻게 나누더라도 항상 성립한다. 다른 방식으로 쌍을 묶어보자. ([그림 4.9]와 [그림 4.10]을 보자.)

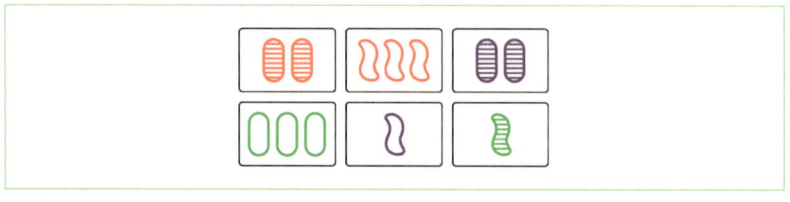

[그림 4.9] [그림 4.7]의 카드들의 배열을 바꾸어 다른 방식으로 쌍으로 나누었다.

[그림 4.10] [그림 4.9]의 카드들을 세로로 나누었을 때 SET을 만드는 세 장의 카드는 역시 SET을 이룬다.

왜 이것이 성립하는가? 그 이유는 모듈로 연산을 이용하여 설명할 수 있다.

게임 끝에 여섯 장의 카드가 남았다고 해보자. 각각에 대응하는 벡터를 A, B, C, D, E, F라 두자. 그러면 각각의 카드들은 게임 끝에 남은 것이므로 A+B+C+D+E+F=(0, 0, 0, 0)가 성립한다.

이제 SET을 완성하는 세 장의 카드들의 좌표를 X, Y, Z라 하자. ABX, CDY, EFZ가 SET이 되었다. 이것은 다음을 의미하는데, 왜냐하면 각각이 SET이기 때문이다.

$$A+B+X=(0,\ 0,\ 0,\ 0) \pmod 3$$
$$C+D+Y=(0,\ 0,\ 0,\ 0) \pmod 3$$
$$E+F+Z=(0,\ 0,\ 0,\ 0) \pmod 3$$

그러므로 세 식을 더하면 아래가 성립한다.

$$A+B+X+C+D+Y+E+F+Z = (0, 0, 0, 0) \pmod{3}$$

덧셈은 교환법칙이 성립하므로, 변수들의 순서를 바꾸면 다음과 같다.

$$(A+B+C+D+E+F) + (X+Y+Z) = (0, 0, 0, 0) \pmod{3}$$

하지만 우리는 $A+B+C+D+E+F = (0, 0, 0, 0) \pmod{3}$임을 알고 있다. 두 식을 빼면 $X+Y+Z = (0, 0, 0, 0) \pmod{3}$을 얻는다. 이로부터 XYZ는 **SET**이 된다. QED.[47]

응용 6
여섯 장의 카드의 특별한 경우

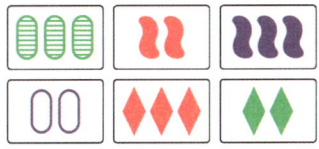

[그림 4.11] 게임 끝에 남은 여섯 장의 카드

당신이 증명을 읽고 있는 동안 샤멜라, 에린, 타일러는 빠르게 한 판의 게임을 끝냈고, [그림 4.11]에 있는 여섯 장의 카드가 남게 되었다. 앞에서와 같이 세로 방향으로 쌍을 묶어 **SET**을 만들려 한다.

---

47) 이것은 라틴어로 quod erat demonstrandum의 약자인데, "이것이 보여야 할 것이었다"라는 뜻이다. 전통적으로 증명이 끝날 때 QED라는 표현을 써왔다. 많은 교사는 이 글자를 "quite easily done(아주 쉽게 끝났다)"라던지 좀 더 정확하게 "quite enough, dammit(이제 충분해, 제길)"이라는 뜻으로도 쓰고 있다.

샤멜라 : 자, 해보자. 첫 번째 세로줄을 SET으로 만드는 카드는 '1개 빨강 속이 찬 둥근 모양'이야.

타일러 : 그래. 잠깐! 두 번째 세로줄의 경우에도 똑같은 카드가 나오는데!

에린 : 나도 그래! 이것은 우리 여섯 장의 카드가 삼중 교차 SET이라는 뜻이네.

타일러 : 나는 세 장의 새로운 카드가 항상 SET을 이루어야 한다고 생각했는데. 어떻게 된 거지?

샤멜라 : 음, 내 생각에는, 똑같은 세 장의 카드는 SET으로 간주할 수 있을 것 같아. "모든 4개의 속성이 같은" SET이라고.

에린 : 그래, 하지만 얼마나 자주 일어나는 일이야? 만일 여섯 장의 카드가 게임 끝에 남았을 때, 그 카드들을 삼중 교차SET이 되도록 쌍으로 묶을 수 있는 경우는 얼마나 자주 일어나지?

에린은 재미있는 질문을 던졌다. 우리는 10장에서 컴퓨터 시뮬레이션을 통해 답을 찾을 것이다. 그 결과 여섯 장의 카드가 남았을 때 18% 정도의 확률로 일어난다는 것을 알아냈다.

삼중 교차SET을 만드는 쌍을 찾는 것을 조금 간단히 하는 한 가지 방법은 특정한 상황들은 특별하게 묶일 수밖에 없다는 것을 알아내는 것이다. 예를 들어, 여섯 장의 카드가 4개 빨강, 1개 초록, 1개 보라를 가지고 있다면, 삼중 교차SET의 중심 카드는 빨강이 되어야 한다. 이것은 보라와 초록 카드가 쌍으로 묶여야 한다는 것을 의미한다. 비슷한 논증은 물론 다른 속성들에도 적용된다. 예를 들

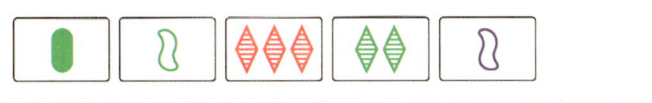

[그림 4.12] 다섯 장의 카드

면, 여섯 장의 카드에 세 장의 둥근 모양과 세 장의 다이아몬드가 있었다면, 삼중 교차SET의 중심 카드는 꿈틀이가 되어야 하고, 각각의 쌍은 둥근 모양과 다이아몬드를 하나씩 포함해야 한다. 이 아이디어를 [그림 4.11]에서 연습해보기 바란다.

> **응용 7**
> 예외적인 다섯 장의 카드

우리가 마지막 카드 게임을 하고 있다고 생각하고, 마지막에 다섯 장의 카드가 남았다고 하자. 이 다섯 장의 카드에는 제한조건이 있는가? 다르게 말하면, 임의의 다섯 장의 카드가 모두 게임 끝에 남을 수 있는 것일까?

[그림 4.12]에 있는 다섯 장의 카드로 마지막 카드 게임을 해보자. 숨긴 카드가 '1개 초록 속이 찬 둥근 모양'임을 찾을 수 있을 것이다. 잠깐! 그 카드는 **이미 다섯 장의 카드** 속에 **포함**되어 있다!

우리는 게임 마지막에 **남을 수 없는** 다섯 장의 카드가 있다고 결론 내릴 수 있다. 이러한 특별한 카드들의 예외적인 모임들은 대단히 특별한 기하적인 구조를 가지고 있는데, 이는 5장에서 살펴볼 것이다.

> 보드게임 SET에
> 담긴 수학 1

4.6 숫자 3은 무엇이 특별한가?

만일 SET을 개발한 사람이 속성의 표현을 3개가 아니라 4개로 만들기로 결정했다면 어떠했을까? 만일 이 게임을 한다면 어떤 일이 벌어졌을까? 2장의 연습문제에서 에드나의 전체 카드 묶음이 $4^4 = 256$장이었듯이, 하나의 속성이 4개 표현으로 구성되어 있고 SET은 네 장의 카드로 구성되어 있다고 생각하자. 이 경우에도 우리의 마법 주문인 개수, 색깔, 무늬, 모양은 변하지 않는다. 하지만 각각의 속성에 표현을 하나씩 추가한다. 개수에는 4를 추가하고, 색깔에는 브라운을 추가하고, 무늬에는 체크무늬를 추가하고, 모양에는 직사각형을 추가한다. 이제 각 속성은 네 가지 표현을 가지게 된다.

[표 4.3] 카드에 좌표를 부여하기

속성	값	좌표
개수	4, 1, 2, 3	↔ 0, 1, 2, 3
색깔	초록, 보라, 빨강, 브라운	↔ 0, 1, 2, 3
무늬	빈 무늬, 줄무늬, 속이 찬 무늬, 체크무늬	↔ 0, 1, 2, 3
모양	다이아몬드, 둥근 모양, 꿈틀이, 직사각형	↔ 0, 1, 2, 3

우리의 좌표가 어떻게 되는지 [표 4.3]을 보자. 이제 친구들을 다시 불러오자.

샤멜라 : 이제 우리는 mod4를 생각해야 할 것 같아.

에린 : SET을 만들기 위해서는 네 점이 필요하고, 각각의 좌표의 합이 0 (mod4)가 되어야 한다는 것을 의미하겠네.

타일러 : SET을 하나 뽑아서 성립하는지 확인해보자. 쉽게 하기 위해서 SET 중에서 하나의 속성만 다른 것을 뽑아보자. '1개 보라 체크무늬 직사각형', '2개 보라 체크무늬 직사각형', '3개 보라 체크무늬 직사각형', '4개 보라 체크무늬 직사각형.'

샤멜라 : 나한테는 이게 SET처럼 들린다.

에린 : 이것을 새로운 표를 이용해서 좌표로 변환하면 (1, 1, 2, 3), (2, 1, 2, 3), (3, 1, 2, 3), (0, 1, 2, 3)이 되네. 이제 좌표를 더해보자.

타일러 : 알았어! 첫 번째 좌표: $1+2+3+0=6$.

샤멜라 : 두 번째 좌표: $1+1+1+1=4$.

에린 : 세 번째 좌표: $2+2+2+2=8$.

타일러 : 네 번째 좌표: $3+3+3+3=12$.

샤멜라 : 이제 SET이 되는지 확인하기 위해 이 합을 모듈로 4로 변환해야 해. 첫 번째 좌표부터 시작하면 $6=2$ (mod4), $4=0$ (mod4), $8=0$ (mod4)이고 $12=0$ (mod4)이니까 합은 (2, 0, 0, 0) (mod4)가 되네.

에린 : 잠깐만! 합이 (0, 0, 0, 0)이 되지 않네? 2가 왜 나온 거지?

타일러 : 우리가 실수한 건가?

샤멜라 : 아냐, 계산은 맞고, 우리가 뽑은 SET도 정확해. 그리고 뒤의 세 좌표에 대해서는 성립하는데, 왜냐하면 속성들이 일치했기 때문이야.

에린 : 말이 되네, 왜냐하면 속성이 같을 때에는 같은 숫자가

부여되고, 우리가 보듯이 n의 배수는 항상 0 $(\mathrm{mod}\, n)$ 이니까, 4의 배수는 항상 0 $(\mathrm{mod}\, 4)$가 성립해. 좌표가 0이 되지 않는 곳은 속성의 표현이 모두 다른 상황일 때야.

타일러 : 그래, 왜냐하면 우리가 0, 1, 2, 3을 가졌기 때문이지. 하지만 이 수들을 합하면 6을 얻는데, 이는 0 $(\mathrm{mod}\, 4)$가 아니야. 이것이 무엇을 의미할까?

샤멜라 : 이것은 우리가 그동안 다루었던 모듈로 연산에 대한 사실들은 특정한 숫자인 3에 대해서만 성립한다는 뜻이고, 이 새로운 버전에서는 더 이상 성립하지 않는다는 뜻이야. 여기에 또 다른 문제가 있어. 만일 두 장의 카드를 뽑았을 때, 이를 포함하는 SET을 만드는 카드가 더 이상 유일하게 존재하지 않아. 예를 들어 내가 좌표가 (0, 1, 2, 3), (1, 2, 3, 0)인 두 카드를 가지고 있다면, 각각의 속성이 모두 다르기 때문에 모든 속성이 다른 SET이 될 거야.

에린 : 알겠다. 내가 (2, 3, 0, 1)과 (3, 0, 1, 2)를 추가할 수도 있지만, (3, 3, 1, 1)과 (2, 0, 0, 2)를 추가할 수도 있구나. 그 외에도 다른 선택도 얼마든지 가능하겠네.

타일러 : 그래서 3이라는 숫자가 정말로 특별한 것이구나.

에린 : 물론이지! 내가 가장 좋아하는 숫자라고.

샤멜라가 옳다. 각각의 속성에 네 가지 표현이 존재하는 게임에서는 SET의 합은 (0, 0, 0, 0)이 되지 않으며, 이것은 큰 문제이다. 하지만 이것만이 유일한 문제인 것은 아니다. 네 카드의 합이 (0, 0, 0, 0)이 되지만 SET이 아닌 경우가 존재할 수 있다. 예를 들면, 하나의 속성에 대해 좌표가 0, 0, 2, 2가 될 수 있다. 이것은 모두 같거나 모두 달라야 SET이 되는 정의에 부합하지 않지만, $0+0+2+2=4=0 \pmod 4$가 성립한다.

 핵심 요약
SET에 관해서는 3이 정말로 마법의 숫자이다.

연/습/문/제

[그림 4.13] 연습문제 4.1

4.1. 당신의 친구 Chubbles가 SET 게임을 하였고, [그림 4.13]의 여섯 장의 카드가 게임 끝에 남았다고 하였다. 게임 중간에 실수가 없었다고 가정한다면, Chubbles가 왜 못된 거짓말쟁이인지 설명하시오.

4.2. 이 문제는 연습문제 2.2와 2.3의 내용과 이어진다. 에드나의 SET 버전의 문제점은 mod3의 모듈로 연산에서 성립하는 멋진 성질들이 여기에서는 성립하지 않는다는 것이다. 스테파노는 생각하기에 속성에 "감정"을 추가한 그의 버전이라면 멋진 성질들이 성립할 것이라 기대하고 있다. 스테파노는 옳은가 틀린가?

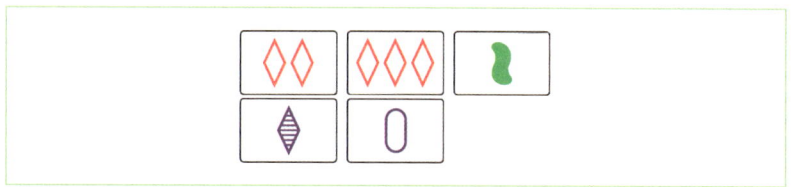

[그림 4.14] 연습문제 4.3

4.3. 마지막 카드 게임을 해보자. [그림 4.14]의 카드들이 남았다고 가정하자.

    a. 숨긴 카드를 찾으시오.
    b. 숨긴 카드가 남아있는 카드들과 **SET**을 이룰 수 없는 이유를 설명하시오.

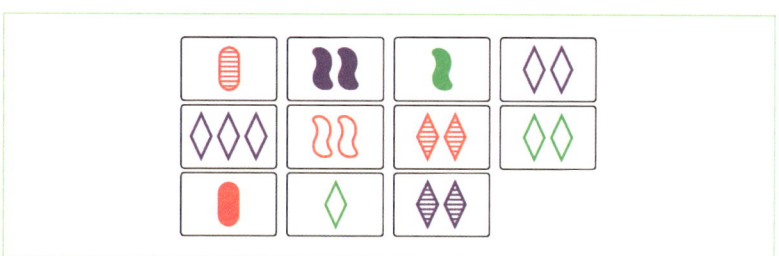

[그림 4.15] 연습문제 4.4

4.4. 여기 더 많은 카드가 남은 마지막 카드 문제가 있다. [그림 4.15]에서 숨긴 카드를 찾고, 이 카드가 다른 카드들과 **SET**을 이룰 수 있는지 여부를 결정하시오.

4.5. 두 장의 카드가 주어졌을 때, 이를 포함하는 **SET**이 유일하게 존재한다.[48] 우리가 좌표를 사용하면, 주어진 두 장의 카드 A, B에 대하여 좌표가 $C = (0, 0, 0, 0) - A - B$를 만족하는 카드 C를 찾아야 한다. 만일 이 방법이 잘못될 가능성은 없는가? 다시 말하면, $C = A$가 되거나 $C = B$가 되는 상황은 없겠는가?

4.6. 우리는 연습문제 2.4에서 교차SET의 중심이 유일함을 보았었다. 이것을 좌표와 모듈로 연산을 이용하여 설명하시오. 다시 말하면, 만일 네 장의 카드가 A, B, C, D이고 어떤 카드 X에 대하여 ABX, CDX가 모두 **SET**이었다면, ACY와 BDY가 다른 카드 Y에 대하여 **SET**이 될 수 없음을 보이시오.

4.7. 우리는 주어진 두 카드 A, B에 대해 **SET**을 만드는 세 번째 카드를 찾기 위해 중점 공식을 사용했었다. 즉 $C = (A+B)/2 = 2A + 2B$이다. 만일 $A + B + C = (0, 0, 0, 0) \pmod{3}$이 성립하면, $A = 2B + 2C$, $B = 2A + 2C$, $C = 2A + 2B$가 성립함을 보이시오.

---

48) 이제는 누구나 다 아는 사실이다.

4.8. 이번 장에서 우리는 게임 끝에 남은 카드들의 각각의 속성의 표현들의 개수가 mod3으로 일치한다는 사실을 보았었다.

    a. 게임 끝에 6장의 카드가 남았다면, (4, 1, 1), (2, 2, 2), (3, 3, 0), (6, 0, 0)만이 가능함을 보이시오.
    b. 게임 끝에 9장의 카드가 남았다면, 가능한 속성의 표현들의 개수는 어떻게 되는가?
    c. 게임 끝에 12장의 카드가 남았다면, 가능한 속성의 표현들의 개수는 어떻게 되는가?

4.9. 세 장의 카드는 좌표의 합이 (0, 0, 0, 0) (mod3)일 때에만 SET이 된다. 이는 세 카드의 합이 (0, 0, 0, 0)이 되는 것은 세 장의 카드에 좌표를 어떻게 도입하는지에 관계가 없다는 것을 의미한다.

    a. 이것은 두 장의 카드에 대해서는 거짓임을 보이라. 즉 두 장의 카드의 합이 한 가지 좌표 도입 방법에서는 (0, 0, 0, 0)이 되지만, 다른 방법으로는 다르게 되는 예를 찾아라.
    b. 네 장의 카드에 대해 같은 작업을 반복하라.

4.10. [표 4.3]과 같이 속성의 표현이 4개인 게임을 한다고 생각하자.

  a. 두 장의 카드, '1개 보라 체크무늬 꿈틀이'와 '2개 브라운 체크무늬 직사각형'이 있다. 이 카드들을 포함하는 **SET**을 만드는 서로 다른 두 쌍의 카드를 찾으시오.
  b. 첫 두 카드가 모든 속성이 다르다고 생각하자. 이 두 카드를 포함하는 **SET**은 몇 개나 있는가?
  c. 이 게임에서 카드의 합이 (0, 0, 0, 0)이 되지만 **SET**이 되지는 않는 네 장의 카드를 찾으시오.
  d. (b)와 (c)를 속성의 표현이 5개인 게임에 대해 반복하시오.

프/로/젝/트

4.1. 이번 프로젝트는 3장과 4장의 아이디어를 사용한다. 카드 묶음에서 여섯 장의 카드를 랜덤하게 뽑았다고 하자. 이 여섯 장의 카드가 게임 끝에 남은 카드가 될 확률은 얼마인가?
이 문제에 답하기 위해 우리는 약간의 계산을 해야 한다. 먼저 여섯 장의 카드 {A, B, C, D, E, F}가 A+B+C+D+E+F=(0, 0, 0, 0)을 만족하도록 뽑혀야 한다. 이 수를 구한 후, 카드들 중에서 두 장의 SET으로 이루어진 경우를 빼야 하는데, 왜냐하면 SET이 남아있으면 게임이 끝나지 않기 때문이다.

a. 다섯 장의 카드를 뽑는 경우의 수는 $\binom{81}{5}$이고, 일단 다섯 장의 카드가 뽑히고 나면 여섯 번째 카드는 A+B+C+D+E+F=(0, 0, 0, 0) (mod 3)으로 유일하게 결정된다. 이 다섯 장의 카드들 중에서 **나쁜** 조합을 빼야 하는데, 이는 여섯 번째 카드가 이전 다섯 장의 카드들과 일치하게 되는 경우들이다. E가 {A, B, C, D, E}의 나쁜 카드라 하자. 즉 우리가 마지막 카드 계산으로 얻게 된 여섯 번째 카드가 E였다고 생각하자. 이때 A+B+C+D=E가 성립함을 보여라. 이러한 상황은 $\binom{81}{4}$가지 경우가 생긴다.

b. 다섯 장의 카드 중 나쁜 조합의 개수는 $\binom{81}{4} - 78 \times 1080$개 임을 보이시오. [**힌트** : 네 장의 카드 A, B, C, D를 뽑는 $\binom{81}{4}$개 조합에는 {A, B, C, D}가 SET을 포함하는 경우가

포함되어 있다. 왜 이 경우를 빼야 하는지 이유를 설명하시오.]

c. 왜 여섯 카드 중에서 합이 (0, 0, 0, 0)이 되는 전체 경우의 수가

$$\frac{\binom{81}{5} - \left(\binom{81}{4} - 78 \times 1080\right)}{6} = 4007016$$

가 되는지 설명하시오.

d. 마지막으로 게임 끝에 얻는 여섯 장의 카드 조합의 개수를 구하기 위해, 여섯 장의 카드가 서로 다른 두 SET으로 구성되는 상황을 빼주어야 한다. 최종 답은

$$4007016 - \frac{1080 \times 962}{2} = 3487536$$

이다.

e. 랜덤하게 뽑은 여섯 장의 카드가 게임 끝에 남은 카드가 될 확률은 대략 1.07%임을 결론내리시오.

우리는 (c)에서 얻은 답을 통해 이 답의 근삿값을 구할 수도 있다. 여기에 다소 빠르지만 지저분한 두 가지 방법을 소개한다.

f. 여섯 장의 카드를 랜덤하게 뽑는 경우의 수는 $\binom{81}{6}$가지이다. 여섯 장의 카드의 첫 번째 좌표의 합이 0, 1, 2 (mod 3)가 될 가능성은 대략적으로 비슷하다. 이는 두 번째, 세 번째, 네 번째 좌표에 대해서도 마찬가지이다. 그러므로 좌표의 합이 (0, 0, 0, 0)이 될 가짓수는 대략 $\binom{81}{6}/81$이다.

g. 다른 방법으로 다시 계산하면, 다섯 장의 카드를 카드 뮤음에서 뽑으면, 카드 묶음에 있는 81장의 카드들 각각은 뽑힌 다섯 장의 카드의 합과 일치할 가능성이 동등하다. 이로부터 여섯 장의 카드의 합이 (0, 0, 0, 0)이 되는 경우의 수는 $\binom{81}{5} \times \frac{76}{81} \times \frac{1}{6}$ 가지임을 보이시오.

h. (f)와 (g)의 답이 동일함을 보이고, 이 값이 (c)에서 계산한 정확한 값과 얼마나 비슷한지 확인하시오. 그리고 잠시 간식을 먹으며 쉬시오.

CHAPTER
05

SET과 기하학

보드게임 SET에 담긴 수학

5.1 도입

당신의 모든 친구는 SET 게임을 하느라 바쁘기 때문에, 당신은 새로운 친구들을 복제하였다. 특별히 세 명의 고전 학자들인 소크라테스(Socrates), 유클리드(Euclid), 테아노(Theano)를 복제했는데, 그들은 지금 당신의 집에서 기하학에 대해 이야기를 나누고 있다. 소크라테스는 고대 그리스 철학자로, 단순히 강의를 하거나 사실들을 설명하지 않고, 질문들을 계속 던져서 학생 스스로 문제의 답을 찾아내도록 하는 기술로 유명한데, 이는 오늘날 소크라테스 문답법이라 불리는 것이다.

유클리드는 기하학과 수학적인 엄밀함의 아버지로 평가받고 있으며, 기하학의 공리화로 유명하다. 그의 책 《**원론**(The Elements)》은 지금까지 쓰인 수학책 중에서 가장 중요한 것으로 평가받고 있다. 유클리드 기하학은 고등학교에서 공리와 정리와 증명을 통해 가장 많이 가르쳐지고 있다. (수학적인 증명은 수학의 어느 분야에서도 가르쳐질 수 있으나, 유클리드 덕분에 고등학생들은 증명을 배울 때 자주 기하학을 떠올리게 되었다.)

테아노는 철학자이자 수학자로, 피타고라스의 사후에 피타고라스 학파를 이끌었던 사람이다. 그녀는 피타고라스의 아내이거나 딸이었을 수도 있으나, 그녀에 대해서는 거의 알려진 것이 없다. 이것은 그리 놀라운 일이 아닌데, 그녀가 살았던 시대에 여성은 단순히 재산으로 간주되었고 온전한 교육을 받을 수 없었기 때문이다. 이러한 제약에도 불구하고 그녀는 총명한 학자였으며 정열적인 저술

가였다. 그녀는 물리학, 천문학, 심리학, 의학 등의 다양한 분야에서 많은 저술을 남긴 것으로 알려져 있는데, 그녀의 가장 중요한 업적은 황금비(golden ratio)에 대한 저술이다.

소크라테스 : 다시 살 수 있게 되어 얼마나 좋은지, 특별히 이렇게 좋은 날에 말이지. 나의 동료 학자들이여, 우리는 기하학이라 불리는 수학 분야에 대해 논의하게 되어 있다네. 그래서 가장 중요한 질문으로 시작할 수밖에 없겠네. 기하학이란 무엇인가?

유클리드 : 자, 소크라테스 당신이 고대 그리스어를 말할 수 있다면, 당연히 그러겠지만, "기하학"이란 말 그대로 "땅을 측량한다"는 뜻임을 알고 있을 것이라네. 이것은 모양과 크기, 그리고 공간의 일반적인 성질을 연구하는 것이라네.

테아노 : 정말 그렇다네. 전통적으로 "기하학"이란 물리적인 공간, 즉 "땅"을 "측량하는 것"에 대한 연구를 의미하지. 그런데 기하학의 분야에는 더욱 추상적이고 완전히 상상적인 공간을 설명하는 분야도 있어. 사람들은 이것을 비유클리드 기하학(non-Euclidean geometry)이라고 부른다네.

소크라테스 : 오 이런, 그렇단 말이지? 유클리드가 상상하지 못했던 타입의 기하학이 정말로 존재한다는 말인가?

유클리드 : 물론이지. 내가 기하학에서 했던 모든 작업은 이후에 유클리드 기하학이라 이름 붙여져서 더 추상적인 다른 기하학들과 구분하게 되었다네. 유클리드 기하학은 우리가 매일의 삶에서 부딪치는 물리적인 공간을 기술하려는 시도에서 비롯된 것으로, 모

든 것은 다섯 가지 공리에 기반해 있지.

소크라테스 : 말해보게. 공리라는 건 정확히 무엇을 뜻하는가?

테아노 : 공리란 공준[49]이라고도 불리는데, 증명할 수 없지만 너무나 자명한 진리라서 당연하다고 가정하는 진술들을 의미하네. 우리는 공리들을 정리를 증명하는 기반으로 삼을 것이라네. 우리는 우리가 참이라고 가정하는 일련의 진술들로부터 시작하지 않으면 아무것도 증명할 수가 없다네.[50] 그렇기 때문에 각각의 기하학 분야들은 자신만의 공리들을 가지고 있고, 다르게 말한다면 기하학 공리들의 모임은 하나의 기하학 분야를 만들어 낸다고 볼 수 있지.

소크라테스 : 정말로 흥미롭군. 우리에게 당신의 공리들을 일부 소개해 줄 수 있겠나?

유클리드 : 물어봐 주어 고맙군. 첫 공리는 두 점을 연결하는 선분이 유일하게 존재한다는 것이고, 둘째 공리는 선분을 양쪽으로 무한히 연장하여 직선을 만들 수 있다는 것이네. 이 둘을 합치면, 이 공준들은 두 점을 지나는 직선은 유일하게 존재하게 된다는 것을 보여준다네.

---

[49] 현재 학자들은 공리(axiom)과 공준(postulate)을 구분하지 않고 혼용해서 사용하고 있다.

[50] 사전을 만드는 과정을 생각해보자. 각각의 단어는 다른 단어를 이용하여 정의된다. 이 과정에서 일련의 정의되지 않은 단어들이 생기는데, 우리 언어의 가장 기본적인 단어들 일부는 본질적으로 공리적이어서 그냥 수용해야 하며, 우리는 이 사실을 대부분의 경우 간편하게 무시하고 있다. 예를 들어 대부분의 사람들은 "그것(it)"의 정의를 논쟁하지 않을 것이다.

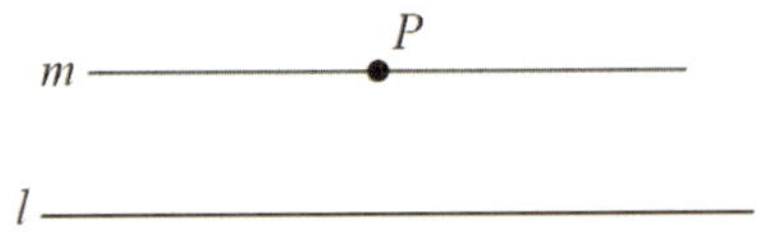

[그림 5.1] 평행선 공준. 점 P를 지나고 직선 l에 평행한 직선 m이 유일하게 존재한다.

소크라테스 : 내 상상력으로는 다른 경우를 생각할 수 없으니, 당연히 그러해야겠지. 그런데 질문이 하나 떠오르네. 비유클리드 기하학의 공리는 어떤 것들이 있는가?

테아노 : 기하학들 사이의 가장 중요한 차이는 유클리드의 다섯 번째 공리인 평행선 공리로부터 파생되는데, 이는 평행선 공준이라고도 불리지. 이 공리를 설명하는 한 가지 방법은, 주어진 한 직선과 그 직선 밖의 한 점에 대하여, 그 점을 지나고 그 직선과 평행한 직선이 단 하나만 존재한다는 것이네. 이해를 돕기 위해 [그림 5.1]에서 그림을 그렸다네.

이 공리가 더 이상 성립하지 않지만 모순이 없는 완벽한 기하학들이 존재한다.[51]

유클리드 : 테아노가 방금 설명한 평행선 공준은 우리 독자들이 이미 학교에서 배웠을 만한 내용이라네. 하지만 내가 원래 제안했던 공준은 논리적으로는 위와 동치이지만 다소 복잡했지. "직선이 2개 직선과 같은

---

51) 구면기하학에서는 평행선이 전혀 없으며, 쌍곡기하학에서는 무수히 많은 평행선이 존재한다.

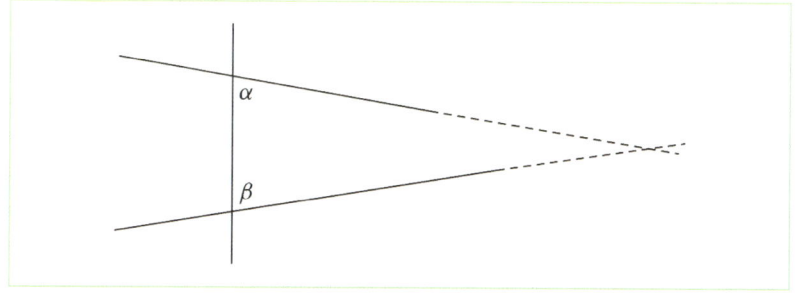

[그림 5.2] 유클리드 버전의 평행선 공준. 만일 $\alpha + \beta$가 직각의 두 배보다 작으면, 두 직선은 같은 쪽에서 만난다.

쪽에서 2개 내각을 만들 때 이 내각의 합이 직각의 두 배보다 작으면, 2개 직선을 무한히 연장했을 때 내각의 합이 직각의 두 배보다 작은 쪽에서 서로 만난다." 내가 그린 그림을 [그림 5.2]에 놓았다네.

소크라테스 : 이게 재미있는데, 왜냐하면 당신의 이 진술은 다른 공리들보다 더 복잡하게 들리기 때문이라네. 사실 나한테는 증명이 필요한 것처럼 들리는데, 테아노는 공리란 증명할 수 없는 것이어야 한다고 말했다네. 이 진술이 어떻게 증명이 필요 없을 수 있겠는가?

유클리드 : 아주 좋은 질문이네, 소크라테스. 이 공리에는 무언가 다른 측면이 있는 것 같아서, 사실은 나도 내 책에서 이 공리 사용을 최대한 늦추었다네.[52] 그리고 사실 내가 평행선 공준을 공리로 제시했음에도 불구하고, 사람들은 아주 오랫동안 이 공리를 다른 공리들을 사용하여 정리로 증명하려고 시도하였다

---

52) 물론 우리는 유클리드가 이것을 증명하려 했는데 증명에 실패했는지, 혹은 이것이 공리여야 한다는 사실을 알고 있었는지 여부는 알 수 없다. 이것들은 미스터리로 남겨두자.

네. 하지만 이렇게 증명하는 것은 불가능한데, 왜냐하면 평행선 공준을 만족시키지 않지만, 모순이 없는 비유클리드 기하학이 존재하기 때문이라네.

테아노 : 이 공리와 관련된 많은 논란에도 불구하고, 평행선 공준을 증명하려 했던 시도들 중 일부는 이후에 중요한 수학 연구들을 만들어내게 되었지.

테아노가 옳았다. (이 사실은 테아노가 죽은 후 한참 후에야 밝혀진 사실이라, 그녀가 어떻게 알았는지는 모르겠지만) 19세기에 두 명의 수학자 보여이(Bolyai)와 로바체프스키(Lobachevsky)는 앞의 네 공리를 만족하지만 다섯 번째 공리는 만족시키지 않는 모순이 없는 기하학이 존재한다는 사실을 독립적으로 밝혀내었다. (가우스(Gauss)도 같은 결과를 얻었다고 주장했지만, 그는 그의 결과를 발표하지 않았다.) 구면기하학[53]과 쌍곡기하학은 유클리드의 앞의 네 공리들을 만족하지만 마지막 공리인 평행선 공준은 만족시키지 않는 모순이 없는 기하학의 예이다. 이 기하학들은 자신들만의 변형된 평행선 공준을 가지고 있다. 그러므로 우리는 이제부터 "유클리드" 기하학을 평행선 공준을 만족시키는 기하학이라 부를 것이다.

---

53) (역자주) 저자들이 이 부분에서 실수했는데, 구면기하학은 유클리드의 앞의 두 공리를 만족시키지 않는다. 실제로 구면기하학의 공리들은 유클리드의 앞의 4개 공리들과는 상당히 다른 것들로 구성되어 있다.

5.2 유한 아핀 기하학

테아노 : 이제 특별한 비유클리드 기하학의 일종인 유한 아핀 기하학에 대해 논의해 봅시다.

소크라테스 : 물론이지, 테아노, 그리고 또 한 번 핵심적인 질문을 던지는 것으로 논의를 시작해야겠네. 유한 아핀 기하학이란 무엇인가?

유클리드 : 나는 한 번도 유한 기하학의 가능성에 대해 고려해 본 적이 없었는데, 왜냐하면 내가 의도한 기하학은 우리가 무한하다고 느끼고 있는 현실 세계를 반영하였기 때문이라네. 하지만 내 생각으로 유한기하학이란 점을 유한개만 가지고 있는 기하학을 의미하는 것 같네.

테아노 : 물론이지. 유한기하학에서는 본질적으로 원을 정의하는 세 번째 공리와 직각을 정의하는 네 번째 공리가 성립하지 않는다네. 대신 이 기하학들은 점들과 선들의 유한집합에서 성립하는 현상들을 다루고 있지. 유한 아핀 기하학이란 점, 선, 평면과 초평면[54]만을 다룬다네.

소크라테스 : 원과 직각이 존재하지 않는 기하학 분야를 내가 어

---

[54] "초평면(hyperplane)"이라는 용어는 문맥에 따라 다양한 의미를 가질 수 있다. 우리는 이것을 이번 장 후반부에 유한 아핀 기하학의 문맥에서 정의할 것이다.

떻게 이해할 수 있겠는가? 오로지 점과 선만을 다루는 기하학은 존재 목적이 무엇일 수 있겠는가?

테아노 : 내가 이해하기로, 이러한 기하학의 목적은 점들과 선들을 기존의 점과 선보다 더욱 추상화시킨 것으로 해석하는 것이라네. 점들과 선들은 무엇이든 의미할 수 있지. 예를 들면, 아마도 점은 사람을 나타내고 선은 사람들 간의 관계를 나타낸다고 할 수도 있어.

유클리드 : 얼마나 멋진 생각인가!

소크라테스 : 정말로 이 혁신적인 발견은 세상의 수많은 가능성을 열어 줄 수 있겠네. 테아노, 이제 궁금한 건 우리가 유한 아핀 기하학을 어떤 상황으로 일반화시킬 수 있는가?

테아노 : 수많은 상황으로 일반화가 가능하지, 소크라테스. 하지만 여기에서는 한 가지 상황이 특별히 재미있다네. 유한 아핀 기하학은 카드 게임 SET의 훌륭한 모델이 된다는 것이 밝혀질 것이라네.

유클리드 : SET이 이 책의 주제인 것이 얼마나 행운인가.

테아노 : 의심할 여지가 없지. 유한 아핀 기하학의 공리들이 카드 게임의 규칙으로 놀랍게 잘 번역이 된다네.

소크라테스 : 그래서, 또 질문해야 하겠네만, 유한 아핀 기하학의 공리들이란 무엇인가?

이 질문에 대답하기 위해 우리는 이차원에서 시작해야 한다. 이 장의 나머지 부분을 통해서 일차원부터 삼차원을 다루고, 최종적으로는 SET의 전체 묶음을 나타내는 사차원까지 다룰 것이다.

유한 아핀 평면의 공리들

공리 1. 한 직선 위에 놓이지 않은 최소 3개의 점이 존재한다.
공리 2. 모든 직선은 최소한 2개 점을 포함한다.
공리 3. 두 점은 유일한 직선을 결정한다.
공리 4. 임의의 직선 l과 직선 밖의 점 P에 대하여, P를 포함하고 l 위의 어떤 점도 포함하지 않는 직선이 하나만 존재한다. 이 직선은 l과 평행하다고 한다.

이 공리들에 대해 몇 가지 코멘트를 남긴다.
- 공리 1과 2의 목적은 "지루한" 기하학을 배제하기 위함인데, 예를 들면 모든 점이 한 직선 위에 있거나, 직선들이 하나의 점으로만 이루어진 경우들이다.
- 공리 3은 어떤 기하학적 구조에서도 필수적이다.
- 공리 4는 평행선 공준을 진술하는 한 가지 방법으로, [그림 5.1]에 그려져 있다. 다른 진술 방식들도 있지만, 현재의 것이 우리 목적에 가장 적합하다. 그런데 우리는 이 상황이 말이 되도록 평면 위에서 작업할 필요가 있다. 삼차원 공간에서는 꼬인 위치에 있는 직선들이 있는데, 이것들은 서로 만나지 않으면서도 서로 평행하지 않을 수 있기 때문이다.

이것이 SET과 무슨 관련이 있는가?

유한 아핀 평면에서의 공리들은 SET에 대단히 아름답게 적용된다. 카드들을 기하학의 점이라 생각하고, **SET**을 직선이라 생각하

자. 이러한 치환을 적용하여 공리들을 다시 살펴보자.

공리 1. SET에 포함되지 않는 최소 세 장의 카드가 존재한다.
SET 해석 : 자명하다.
공리 2. 모든 SET에는 최소한 두 장의 카드가 포함된다.
SET 해석 : 자명하다.
공리 3. 두 장의 카드는 유일한 SET을 결정한다.
SET 해석 : 임의의 두 장의 카드는 유일한 SET을 결정한다. 이것을 우리는 "SET의 기본정리"라 부른다.
공리 4. 임의의 SET과 이 SET에 포함되지 않은 임의의 카드에 대하여, 이 카드를 포함하고 주어진 SET과 평행한 SET이 유일하게 하나만 존재한다.
SET 해석 : 주어진 SET과 이 SET에 포함되지 않은 임의의 카드에 대하여, (이 카드를 포함하고) 주어진 SET과 **평행한 SET**이 유일하게 하나만 존재한다. 이 진술을 우리의 게임에서 의미 있게 만들려면 우리는 SET의 세계에서 "평행하다"라는 것을 정의해야 한다. 이것을 조만간 할 것이라 약속한다.

유클리드 : 상당히 추상적으로 보이던 공리들을 대중적인 카드게임의 규칙들로 해석할 수 있다니! 내가 살던 시대에 SET이 있었으면 좋았을 것을.
테아노 : 우리 모두 그렇게 생각한다네, 유클리드. 컴퓨터도 그렇고. 어떻든 이제 우리가 공리들을 가졌기 때문에, 이제 합리적인 기하학을 가지게 되었다네.
소크라테스 : 그래, 분명히 그렇다네. 하지만 우리가 단지 믿음

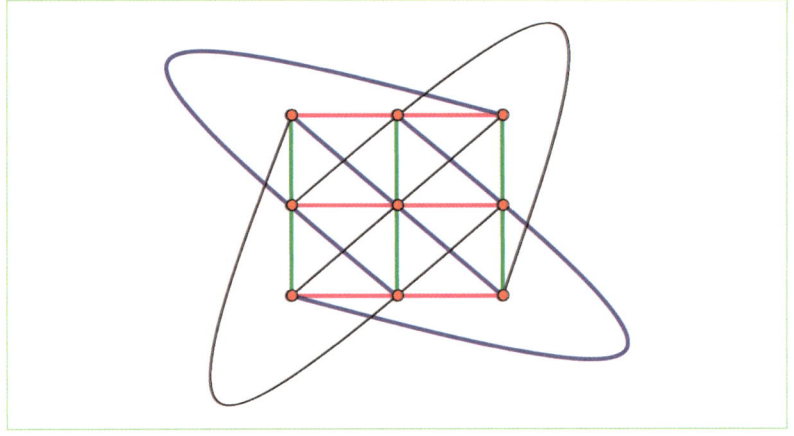

[그림 5.3] 아핀 평면 AG(2, 3)에는 9개 점과 12개 직선이 있으며, 각각의 직선에는 3개 점이 있다.

에만 기대고 있다고 고백할 수밖에 없겠네. 이 기하학은 눈에 보일 것 같기는 하지만, 정말로는 어떻게 보이는가?

네 가지 공리만을 써서, 우리는 다음과 같은 일을 할 수 있다.

1. 모든 직선은 같은 수의 점을 가지고 있음을 증명할 수 있다. 이 증명을 완성하는 것은 상당히 재미있는데, 이것이 연습문제 5.1의 주요 주제이다.
2. 우리가 만일 각 직선이 3개 점만 포함한다고 가정한다면, 우리는 모든 공리를 만족시키는 유일한 점-선 구조가 존재함을 증명할 수 있다. 이 구조는 9개 점과 12개 선으로 구성되어 있다.[55] 이에 대한 증명은 다소 긴데, 연습문제 5.2에서 자세

---

55) 우리의 아핀 평면에서는 직선이 3개 점을 가지고 있다. 다른 가능성

히 다루고 있다. [그림 5.3]을 보자. (예쁘지 않은가!)

수학자들은 이 평면을 AG(2, 3)이라 부른다. AG라는 글자는 아핀 기하(affine geometry)를 뜻하고, (2, 3)은 우리가 이차원에서 작업하고 있으며 직선 위에 3개 점이 있음을 알려준다.

도 생길 수 있으나, 여기에는 제한조건이 있다. 소수 p와 음이 아닌 정수 k에 대하여 $n = p^k$이면, 아핀 평면들에서는 직선이 n개 점을 가진다는 사실이 알려져 있다.
다른 종류의 수에 대해서는 성립하지 않는다는 것이 알려져 있는데, 정확히 어떤 수가 가능한지를 찾아내는 것은 유명한 미해결 문제이다.

5.3 평행선 공준과 SET

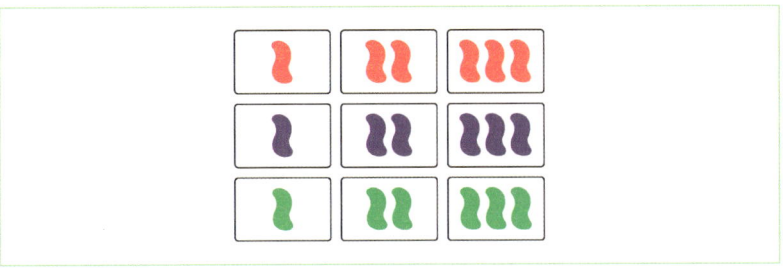

[그림 5.4] 아핀 평면 AG(2, 3). **SET**은 [그림 5.3]의 직선들과 동일한 위치를 가지고 있다.

이제 재미있는 부분이 시작된다. 우리 기하학자들은 SET 한 묶음을 구했다.

소크라테스 : SET 카드들에서 어떻게 평면을 꺼낼 수 있을까? 그리고 SET 게임에서 "평행하다"는 것이 무엇을 의미하는 것일까?

테아노 : 이것들은 사실 서로 다른 두 문제라네, 소크라테스. 하지만 사실 첫 번째 질문의 답은 이미 1장과 2장에서 보았다네. 속이 찬 꿈틀이들을 모두 모아서 [그림 5.4]와 같이 배열하여 우리가 이전에 보았던 평면과 같은 카드들을 만들었어. 그렇다면 [그림 5.3]의 직선들이 [그림 5.4]에서 **SET**에 대응하는 것은 명백해진다네.

유클리드 : 정말로 놀랍구나! 어떤 기하에서도 같은 평면의 두 직선이 서로 만나지 않으면 "평행"하다고 정의한다네. [그림 5.3]을 보면, 우리는 네 종류의 직선을 볼 수 있지: 가로, 세로, 두 종류의 대각선[56], 그리고 각 종류에는 평행한 직선들이 같은 색깔로 색칠되어 있다네.

소크라테스 : 멋지군. 내 생각에 내가 SET이 서로 "평행하다"는 것이 무엇인지를 이해하기 시작한 것 같군. 예를 들어 [그림 5.4]에서 각각의 가로 SET들은 다른 가로 SET들과 평행한데, [그림 5.3]에서 가로 선들이 평행한 것과 마찬가지이지.

테아노 : 정확하네, 그리고 어떤 종류의 직선에서도 마찬가지이지. 예를 들어 [그림 5.5]의 두 SET은 서로 평행하다네. 이 SET들은 [그림 5.4]에 대응되는데, 이것들은 [그림 5.3]에서 파란색으로 표시한 2개 대각선에 대응되지.

소크라테스 : [그림 5.4]에 있는 12개 SET을 네 그룹으로 나누어서, 각 그룹에 있는 3개의 SET이 서로 평행하도록 만들 수 있을까?

---

[56] 당신은 아마도 4개 대각선이 곡선임을 쉽게 볼 수 있을 것이다. 기억하라, 이것은 추상적인 기하학이다! 당신은 두 점을 잇는 직선의 존재성을 보이기 위해 선을 구부릴 수 있다. 또한 당신은 두 "곡선"이 서로 만나는 것처럼 보이지만, 이 점은 사실 교점이 아니다. 이 기하학에서 유효한 점들은 모두 빨간색으로 색칠되어 있다. 이것은 처음에는 당신의 직관에 반할 수도 있는데, 왜냐하면 당신이 유클리드 기하학을 생각하기 때문이며, 그러므로 이 새로운 공리들에 익숙해지도록 시간을 들일 필요가 있을 것이다.

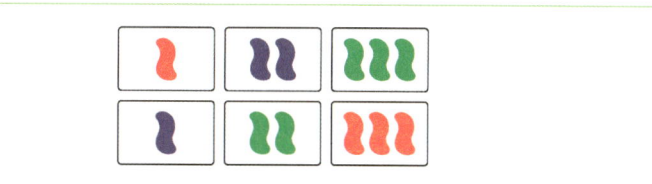

[그림 5.5] 이 두 SET은 서로 평행하다.

테아노 : 물론 할 수 있지. 아주 멋진 요약이라네.

이것은 우리가 만드는 어떠한 평면에서도 항상 성립한다. 예를 들어 2장에서 SET을 이루지 않는 세 장의 카드로부터 평면을 만드는 방법을 보았다. [그림 5.3]의 추상적인 아핀 평면은 어떤 SET들끼리 서로 평행한지를 알려준다. 평면은 9장의 카드와 12개 SET으로 구성되어 있기 때문에, 아주 특별하다. SET 제조사 웹사이트에서는 이를 **마법의 사각형**(magic square)이라고 부르는데, 왜냐하면 사각형 모양 안의 임의의 두 장의 카드에 대하여 이 두 장을 SET으로 만드는 세 번째 카드가 항상 사각형 안에 놓이기 때문이다. (이는 1.2절에서 "닫힌" 성질이라 불렸던 것이다) 우리는 이러한 구조를 계속 평면이라고 부를 것인데, 왜냐하면 우리가 기하학을 논하고 있기 때문이다. 이것은 당신에게 처음에는 이상해 보일 수도 있는데, 왜냐하면 유클리드 평면은 무한하기 때문이며, 그렇기 때문에 우리가 논하는 "평면"이 12개 직선(SET)들을 포함하는 9개 점(카드)들이라는 아이디어에 적응할 시간이 필요할 것이다.

[그림 5.4]에서 주목해야 할 또 다른 한 가지는 우리가 두 가지 속성을 고정했다는 것이며, 즉 모든 카드가 속이 찬 꿈틀이라는 것이다. 어떤 의미로는 속성은 차원에 대응한다. 지금으로서는 우리가 이차원 구조인 평면을 다루고 있는데, 이것을 가장 쉽게 다루는

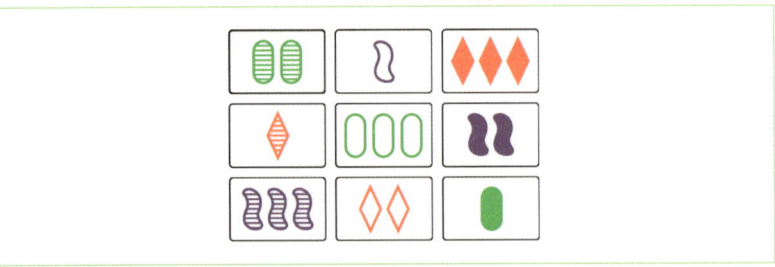

[그림 5.6] 모든 네 속성이 다 표현된 또 다른 평면

방법은 2가지의 속성(모양과 무늬)을 "고정"하고 나머지 2가지의 속성(개수와 색깔)을 변화시키는 것이다. 변화시킬 수 있는 속성의 개수는 차원에 대응한다.

하지만 이것이 평면을 구성하는 유일한 방법인 것은 아니다. 우리는 네 가지 속성을 모두 사용할 수도 있으며, 이때 평면은 [그림 5.6]과 같이 여전히 "닫혀있다". (즉 평면의 임의의 두 장의 카드에 대해 이 두 장을 SET으로 만드는 세 번째 카드가 항상 평면 안에 놓인다.) 이러한 성질이 성립하는 것은 우리가 차원(속성)을 추가하더라도 평행이라는 성질이 변하지 않기 때문인데, 이는 이후에 대단히 중요해질 것이다.

유클리드 : 동료 기하학자들이여, 이제 SET 게임의 평행선 공준을 다시 살펴보기를 바라네.

테아노 : 지금이 이것을 하기 좋은 시간인데, 왜냐하면 방금 평행한 SET의 예를 보았기 때문이라네.

소크라테스 : 아직 하지 않은 질문이 자연스럽게 떠오르네. 만일 주어진 SET이 하나 있고, SET에 포함되지 않은 카드가 하나 있을 때, 처음 SET의 유일한 평행선을 어떻게 찾을 수 있는가?

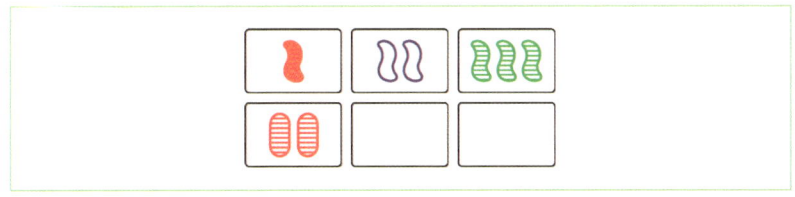

그림 5.7 SET과 한 카드. 이 카드를 포함하고 주어진 SET에 평행한 SET을 찾으시오.

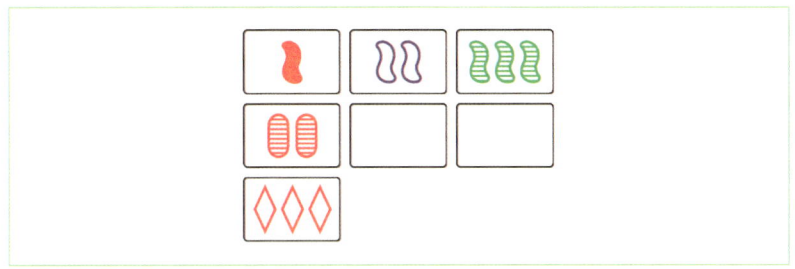

그림 5.8 카드를 추가하여 세로로 SET을 만들었음

우리의 학자들을 만족시키기 위해, [그림 5.7]과 같이 SET 하나와 SET에 포함되지 않은 카드를 하나 뽑자.

먼저 [그림 5.8]과 같이 첫 번째 열에서 세로로 SET이 되도록 카드를 추가한다.

2장에서 우리는 카드를 추가해서 평면을 만드는 방법을 살펴보았다. [그림 5.9]와 [그림 5.10]을 보자. 우리는 평면 전체를 채울 필요가 없다. (하지만 당신이 원한다면 평면을 채우는 것을 멈추지 말기 바란다.)

마지막 작업으로 [그림 5.10]과 같이 두 번째 행에 SET을 완성하고 세로로 추가했던 카드를 없앨 수 있다. 이것이 처음 SET과 평행한 SET이 된다.

보드게임 SET에
담긴 수학 1

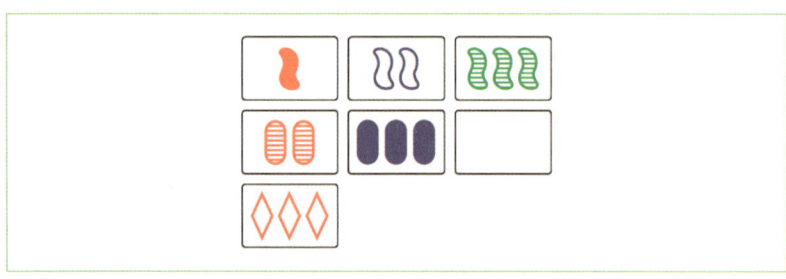

[그림 5.9] 카드를 하나 추가하여 대각선 SET을 만들었음

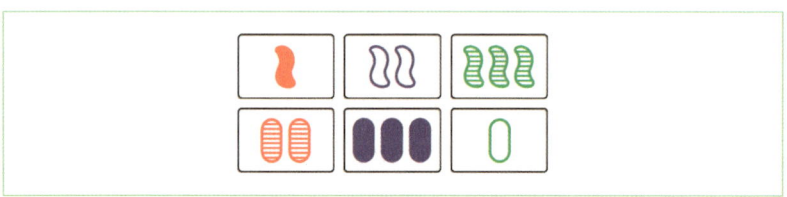

[그림 5.10] 카드를 추가하여 주어진 SET과 평행한 SET을 만들었음

소크라테스 : 정말로 멋지지만, 추가한 카드인 '3개 빨강 속이 빈 다이아몬드' 카드 없이 두 SET이 평행하다는 사실을 어떻게 확인할 수 있는가?

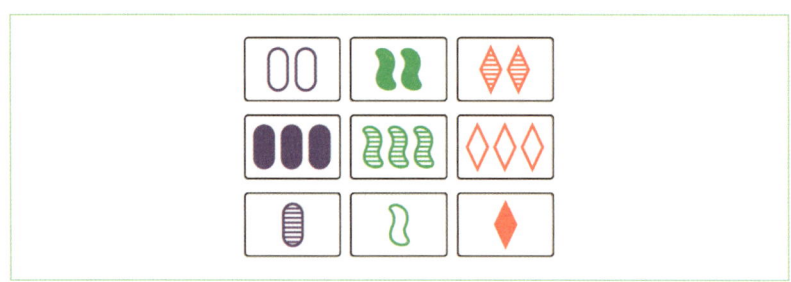

[그림 5.11] 네 종류의 평행한 SET 모음 : 가로방향 3개, 세로방향 3개 "양의 기울기"를 가진 세 대각선 방향(왼쪽 아래에서 오른쪽 위), 3개 "음의 기울기"를 가진 세 대각선 방향(왼쪽 위에서 오른쪽 아래) 3개

184 CHAPTER 05 SET과 기하학

소크라테스는 (항상 그러하듯이) 멋진 질문을 하였다. 우리는 두 장의 SET이 서로 평행한지 여부를 SET만 보고 결정할 수 있는가? 그 대답은 '그렇다'이다. 평행한 두 SET을 살펴보고 그 예들에서 어떤 패턴을 찾을 수 있는지 찾아보아라. [그림 5.11]에서 또 다른 평면을 제시하여 당신이 패턴을 좀 더 쉽게 찾을 수 있도록 하였다. (기억하라, 가로 방향 SET들은 서로 평행하고, 세로 방향의 SET들도 서로 평행하고, 대각선 방향도 그러하다.)

소크라테스의 마지막 질문에 대한 대답은 온전히 패턴 인식과 관련된다. 우리가 해답을 제시하기 전에, 먼저 사이클(cycle)에 대해 논의하며 잠시 주변을 배회하고자 한다.

사이클 숫자(혹은 색깔이나, 어떤 대상이라도 가능함)의 사이클이란 원형 순서를 가진 배열을 의미한다. 예를 들면, 당신이 둥근 탁자 주변에 세 명의 사람을 앉히고 각각의 사람을 1, 2, 3이라 둔 후 시계방향으로 주변을 여러 번 돌면, 당신은 사람들을 $1 \to 2 \to 3 \to 1 \to 2 \to 3 \to 1 \to \cdots$의 순서로 만날 수도 있다. 우리는 이 사이클을 (1, 2, 3)이라 둔다. 마지막 숫자 다음에는 처음 숫자로 돌아온다고 가정한다. 이는 (1, 2, 3), (2, 3, 1), (3, 1, 2)이 모두 동치라는 것을 의미하는데, 이것은 탁자 주변을 시계 방향으로 둘러앉은 동일한 배열을 의미한다.

세 명이 탁자 주변을 둘러앉는 경우의 수는 얼마인가? 세 숫자 1, 2, 3에 순서를 배열하는 경우의 수가 $3! = 3 \times 2 \times 1 = 6$인 반면에, 3-사이클[57], 즉 3명을 원형 탁자에 앉히는 경우의 수는 오직 두 가지뿐이다. 숫자를 배열하는 경우 중 (3, 2, 1),

---

57) 일반적으로 n명을 원형 탁자에 앉히는 경우의 수는 $(n-1)!$이다.

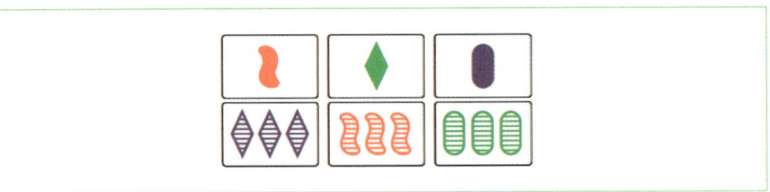

[그림 5.12] 서로 평행하지 않은 두 SET

(1, 3, 2), (2, 1, 3)인 3개는 모두 서로 동치이며, 이것은 사실 (1, 2, 3) 사이클의 역순(또는 탁자 주변을 반시계방향으로 앉는 것)을 의미한다.

서로 평행한 SET들을 관찰하고 평행하지 않은 SET(서로 평행하지 않은 SET의 예는 [그림 5.12]에 있다)들을 관찰하면, 우리는 (결국) 두 SET이 평행할 조건으로 다음을 얻을 수 있다.

- 만일 SET에서 한 속성이 일치한다면, 그 속성은 다른 SET에서도 같아야 한다. [그림 5.10]에서는 모양이 서로 같았는데, 위쪽 행의 SET의 세 장의 카드는 모두 꿈틀이였고, 두 번째 행에 있는 평행한 SET의 세 장의 카드는 모두 둥근 모양이었다.
- 만일 SET에서 한 속성이 달랐다면, 그 속성은 다른 SET에서도 달라야 한다. 더욱 중요하게 이 경우에는, 두 장의 카드를 적절한 순서로 놓아서 서로 일치하지 않는 속성의 사이클 순서가 같도록 할 수 있다. 이것의 의미를 자세히 설명하면 다음과 같다. ([그림 5.10]을 참고하라)
  - 개수 : 왼쪽에서 오른쪽으로 움직이면, 첫 번째 SET의 사이클은 (1, 2, 3)이고, 두 번째 SET의 사이클은 (2, 3, 1)이 되는데, 이 둘은 서로 동치이다. 이들은 동일한 왼쪽에서 오른쪽으로의 사이클 순서(left-to-right cyclic order)를 가진다.

- 색깔 : 두 SET은 다시 동일한 사이클을 가진다. (빨강, 보라, 초록)
- 무늬 : 또다시 둘은 동일한 사이클을 가진다. 즉, (속이 찬, 속이 빈, 줄무늬)와 (줄무늬, 속이 찬, 속이 빈)은 서로 동치이다.

이제 [그림 5.12]에 있는 서로 평행하지 않은 두 SET을 통해 사이클 조건을 살펴보자. 숫자는 각각의 SET에서 일치(위 SET은 모두 1개이고, 아래 SET은 모두 3개)하고 무늬도 일치(위 SET은 모두 속이 찼고, 아래 SET은 모두 줄무늬)한다. 이것은 색깔과 모양에 대한 사이클 일관성만을 확인하면 된다는 것을 의미한다.

- 색깔: 두 SET 모두 (빨강, 초록, 보라) 사이클이다.
- 무늬: 왼쪽에서 오른쪽으로 움직일 때, 첫 번째 SET은 (꿈틀이, 다이아몬드, 둥근 모양) 사이클이지만, 두 번째 SET은 (다이아몬드, 꿈틀이, 둥근 모양) 사이클이다. 이 두 사이클은 서로 다르다.

그러므로 [그림 5.12]의 두 SET은 서로 평행하지 않다고 결론 내릴 수 있다.

우리가 옳은지 확신할 수 있을까? 물론 그렇겠지만 우리가 얻은 결론들을 점검해보는 것은 항상 좋은 태도이다. 우리가 윗줄과 아랫줄에서 카드를 한 장씩 뽑아서 이들을 포함하는 SET을 만드는 과정을 진행하면, 바로 9장의 카드가 필요해지게 된다. 특별히 이 과정을 거치면 '2개 초록 속이 빈 둥근 모양', '2개 초록 속이 빈 꿈틀이', '2개 초록 속이 빈 다이아몬드', '2개 빨강 속이 빈 꿈틀이', '2개 빨강 속이 빈 다이아몬드'… 사실 임의의 선택에 대해 항상 새로운 카드가 필요하다. 그러므로 이 두 SET은 한 평면에 놓일 수

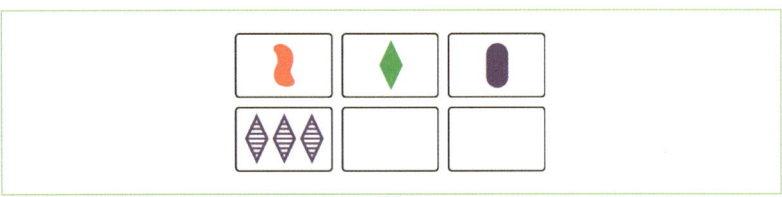

[그림 5.13] SET과 한 카드. 사이클 방법을 이용하여 주어진 카드를 포함하고 주어진 SET과 평행한 SET을 찾으시오.

없게 되며, 그러므로 서로 평행할 수 없다. (사실, 우리는 두 SET을 포함하는 **초평면(hyperplane)**을 구성할 수 있다. 초평면에 대해서는 이번 장 후반부에 자세히 소개하겠다.)

   마지막으로 우리는 이 아이디어를 활용하여 소크라테스의 이전 질문에 대해 다른 방식의 대답을 소개하려 한다. [그림 5.13]의 SET(이것은 [그림 5.12]의 위쪽 SET이다)과 평행하고 '3개 보라 줄무늬 다이아몬드' 카드를 포함하는 SET을 찾자. 여기 평면을 채우는 방법 대신 사이클 방법을 이용하여 어떻게 평행한 SET을 만드는지 소개한다.

- 개수 : SET의 모든 카드가 1개이므로 평행한 SET은 모두 3개이다.
- 색깔 : SET에서 색이 사이클 (빨강, 초록, 보라)을 이루고 주어진 카드가 보라이므로, 동치인 사이클은 (보라, 빨강, 초록)이다.
- 무늬 : 앞의 SET이 모두 속이 차 있으므로, 평행한 SET은 모두 줄무늬이다.
- 모양 : SET에서 모양이 사이클 (꿈틀이, 다이아몬드, 둥근 모양)을 이루므로, 우리의 평행한 SET의 사이클은 (다이아몬드, 둥근 모양, 꿈틀이)가 된다.

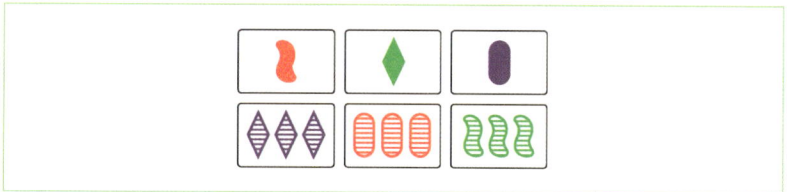

[그림 5.14] SET과 주어진 카드를 포함하는 평행한 SET

이것은 평행한 SET에서 다음 카드는 '3개 빨강 줄무늬 둥근 모양'이고, 세 번째 카드는 '3개 초록 줄무늬 꿈틀이'임을 의미한다. 이 SET은 [그림 5.14]에 나와 있다.

소크라테스 : 이 사이클 방법이 가장 흥미로운데, 여기에서 질문이 생겼네. 사이클 방법은 카드의 순서에 의존하는가?

소크라테스가 또 다른 멋진 질문을 하였다. 평행의 정의가 순서에 의존하는 것처럼 보이기는 하지만, SET이 평행하기 위해서 우리에게 필요한 것은 단지 이 모든 것이 성립하는 한 순서가 있다는 것이다. 사실 두 SET이 평행하려면 서로 다른 속성의 사이클이 모두 같은 순서이거나 모두 다른 순서여야 한다. [그림 5.12]의 평행하지 않은 SET들을 보자. 색깔 사이클은 같은 순서로 놓여 있지만, 모양 사이클은 반대로 되어 있다. 만일 색깔 사이클이 모양 사이클과 마찬가지로 반대 순서로 놓여 있었다면, SET들은 서로 평행했을 것이고, 우리는 카드의 순서를 바꾸어 두 SET의 사이클 순서가 동일하게 되도록 만들 수 있었을 것이다.

> **기억할 메시지**
> 평행함은 SET의 성질이고, 순서에 의존하지 않는다.

왜 SET의 평행선을 사이클 방법으로 구한 것과 평행선 공준으로부터 구한 것이 동치가 되는가? 우리의 설명은 벡터를 사용하며, 8장에서 다루게 된다. 마지막으로 우리의 평행한 SET에 대한 설명은 차원에 의존하지 않는다는 것을 알아두자. 이것은 평행한 SET이라는 개념이 차원을 높이더라도 여전히 성립한다는 것을 의미한다. 그리고 이것을 우리가 아래에서 다룰 것이라는 좋은 소식이 있다.

5.4 삼차원 아핀 기하학: AG(3, 3)

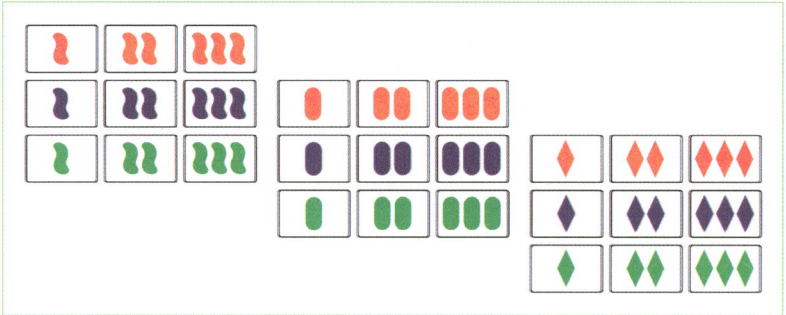

[그림 5.15] 카드로 만든 AG(3, 3)

아핀 평면을 완전히 이해했기 때문에, 우리는 이차원에서 삼차원으로 이동할 준비가 되었다. 모든 직선이 3개 점만을 포함하는 삼차원 아핀 기하학은 AG(3, 3)이라 둔다. 우리는 AG(3, 3)을 이루는 카드들의 모임을 "초평면"이라 부르는데, 이것은 수학자들이 사용하는 용어이다. (만일 당신이 "마법 사각형"이라는 용어를 좋아한다면, 아마도 초평면 대신 "마법 정육면체"라는 용어를 생각했을 수도 있겠지만, 이런 용어는 사용하지 않는다.)

초평면은 어떻게 생겼는가? 이것은 평행한 3개 평면으로 이루어져 있다. 3개 평면을 위로 쌓아 세 층을 만들어서 삼차원 정육면체를 만들었다고 상상해보자. [그림 5.15]는 초평면을 보여주고 있으며 [그림 5.16]은 삼차원 "정육면체"의 사진인데, 이 사진에서 SET 카드들은 적절한 기호를 가진 찰흙[58]으로 표현되었다.

보드게임 SET에
담긴 수학 1

[그림 5.16] 초평면을 정육면체로 표현한 모습

[표 5.1] 초평면에서의 수 세기

카드 수	*SET* 수	평면 수
27	117	39

초평면에는 얼마나 많은 SET이 있는가? 얼마나 많은 평면이 있는가? 초평면은 평행한 평면 3개로 만들어졌지만, 이것은 3개보다 많은 평면을 포함하고 있다. 당신의 호기심을 만족하도록 이러한 수 세기 문제들의 답을 [표 5.1]에 제시하였다. 이 모든 수 세기 결과는 6장에서 완전히 증명할 것이다.

---

58) 저자 중에 찰흙으로 잘 만드는 이가 있다. 고마워요, Liz.

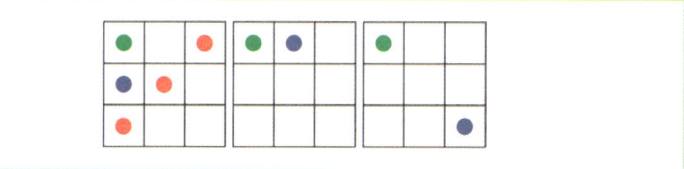

[그림 5.17] AG(3, 3)에 있는 3개 직선

[그림 5.15]에서 39개 평면 중 가능한 많은 평면을 스스로 생각해내는 것은 좋은 연습이 된다. 모양에 따라 결정된 3개 평면을 찾기는 쉽다. 꿈틀이가 한 평면을 이루고, 둥근 모양이나 다이아몬드도 마찬가지이다. 하지만 우리는 각 평면의 가장 위의 행(즉 모든 빨간 카드들)을 골라서 또 다른 평면을 만들 수도 있다.

더 일반적으로, 평면을 만들기 위해서는 꿈틀이 모양에서 SET을 아무것이나 하나 뽑고, 둥근 모양에서 평행한 SET을 하나 뽑는다. 이것은 남은 카드들을 결정하는데, 이는 다이아몬드 모양에서 평행한 SET이 된다. 꿈틀이 모양에서 SET을 뽑는 경우의 수는 총 12가지이고, 둥근 모양에서는 평행한 SET을 뽑는 경우의 수가 3가지이며, 이러한 방식으로 36개 평면을 구할 수 있다. 여기에 위의 3개 평면(모두 꿈틀이든지, 모두 둥근 모양이든지, 모두 다이아몬드 모양인 것)을 추가하면, 모든 평면의 개수 39를 얻게 된다.

AG(3, 3)에 있는 117개 SET들은 어디에 있는가? 우리는 당신에게 힌트를 주기 위해 [그림 5.17]에서 도식화된 모눈종이 같은 그림을 제시하였다. 여기에는 세 가지 종류의 SET이 있다.

- SET은 3개 평행한 평면 중 하나에 완전히 포함될 수 있다. 예를 들면, [그림 5.15]에서 '1개 초록 꿈틀이', '2개 보라 꿈틀이', '3개 빨강 꿈틀이'를 포함하는 SET은 첫 번째 평면에 놓여 있다. 이러한 SET들은 [그림 5.17]에서 3개 빨간 점으로 표시하였다. 각각의 평면에는 12개 SET이 있고, 모두 3개 평면이 있으므로, 이

종류의 SET은 모두 12×3=36개가 있다.
- SET은 3개 평면 각각에서 한 장의 카드만으로 구성될 수도 있다. 이러한 일이 벌어지는 방법에는 두 가지가 있는데, [그림 5.15]를 살펴보자.
  - 우리는 '1개 빨강 꿈틀이', '1개 빨강 둥근 모양', '1개 빨강 다이아몬드'를 선택할 수 있다. 이것은 [그림 5.17]에서 초록색 점으로 표시하였다. 이 카드들은 각각의 평면에서 동일한 위치를 가지고 있음에 주목하여라.
  - 우리는 '1개 보라 꿈틀이', '2개 빨강 둥근 모양', '3개 초록 다이아몬드'를 선택할 수 있다. 이것은 [그림 5.17]에서 파란색 점으로 표시하였다. 이번에는 각각의 카드의 위치를 하나의 3×3 모눈 종이에 겹쳐서 표시하면, 한 평면에서의 대각선을 얻게 된다.

두 번째 종류의 SET에 대해서 만일 우리가 첫 번째 평면에서 한 장의 카드를 뽑고 두 번째 평면에서 또 다른 카드를 하나 뽑는다면, 이 카드들은 유일한 SET(마지막 카드는 세 번째 평면에 놓인다)을 결정한다. 각각의 평면에는 9장의 카드가 있기 때문에, 두 번째 종류의 SET은 모두 9×9=81개가 있으며, 모두 합치면 36+81=117개가 초평면에 놓인 SET의 모든 개수가 된다.

SET이 AG(3, 3)에서 어떻게 나타나는지는 SET을 정의할 때 사용했던 성질인 모두 같거나 모두 다르다는 것을 연상케 한다. 모든 카드가 하나의 3×3 모눈에 나타나던지 각각의 모눈에 한 장씩만 나타나야 한다. 당신은 행과 열에 대해서도 동일한 이야기를 할 수 있다.

그렇다면 우리는 어떻게 초평면을 만들 수 있을까? 한 가지 방법은 속성 중 하나를 고정하는 것이다. (사실, SET 매뉴얼에 따르면 어린 아이들에게 SET을 하는 방법을 처음 가르칠 때에는 빨간색 카드만을 사용할 것을 권장하고 있다. 하지만 우리는 굳이 그럴 필요가 없다는 것을 발견하였다.[59]) 예를 들면 [그림 5.15]의 모든 카드들은 속이 찬 것들이다. 우리는 1개 기호를 가진 카드들이나 모두 초록색 카드들이나 모두 다이아몬드 카드 등을 쉽게 뽑을 수 있었다. 이전에 우리가 이차원에서 두 가지 속성인 속이 찬 꿈틀이를 고정시켰던 것을 기억하라. 이때 변할 수 있었던 속성은 개수와 색깔뿐이었다. 지금 삼차원의 경우에는 우리가 더 이상 모양을 고정시키지 않기 때문에, 세 가지 속성인 개수, 색깔, 모양만 변화된다. 삼차원의 경우에도 이전과 같이 변하는 속성의 개수는 차원의 수와 일치한다.

우리의 평면이 닫혀 있었듯이 (닫혀 있다는 뜻은 평면에 놓인 임의의 두 장의 카드에 대하여 이 카드들을 포함하는 **SET**의 세 번째 카드가 항상 평면 안에 놓인다는 의미이다) 우리의 초평면도 닫혀있게 된다. 이것은 기하학적 성질인데, 이러한 의미로 닫혀 있을 수 있는 카드들의 개수는 항상 3의 거듭제곱 모양($3^1 = 3$, $3^2 = 9$, $3^3 = 27$, $3^4 = 81$)이어야 하며, 그 이유는 우리의 기하학에서는 직선 위에 3개 점이 놓여 있기 때문이다. **SET**(3장의 카드)은 닫혀 있고, 평면(9장의 카드)도 닫혀 있고, 초평면(27장의 카드)도 닫혀 있으며, 그리고 우리가 이미 알고 있듯이 전체 카드 묶음(81장)도 닫혀 있다. 이것들이 우리 카드 묶음에서 닫혀있을 수 있는 유일한 구조들이다.

---

[59]) 아이들은 게임 규칙을 대단히 빠르게 익힌다. 그런 후 그들의 부모들을 무찌른다.

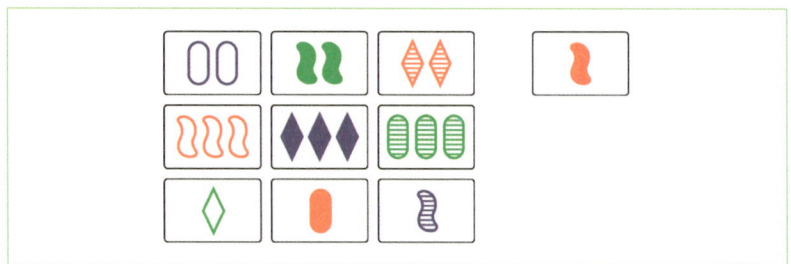

[그림 5.18] 평면과 한 장의 카드

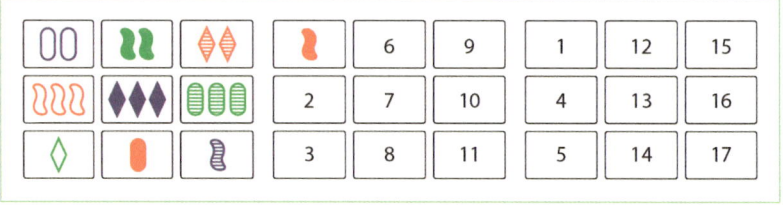

[그림 5.19] 평면과 한 장의 카드가 있으면 초평면을 완전히 결정할 수 있다. 숫자는 어떤 카드가 놓여 있는지를 발견하는 순서를 나타내고 있다.

초평면 만들기 : SET을 채워 나간다

우리는 초평면을 카드들이 혼합된 모임으로 만들 수 있다. 우리가 어떻게 이렇게 할 수 있는가? SET 평면은 SET을 이루지 않는 세 장의 카드로부터 완전히 결정된다는 사실을 기억해보자. 평면 위에 있지 않은 하나의 카드를 추가한다면 초평면 전체가 완전히 결정될 것이다. 그러므로 우리는 평면 하나와 평면에 있지 않은 카드 한 장으로 시작하겠다. ([그림 5.18]을 보자)

우리는 초평면을 카드 한 장씩 채워가면서 만들 것인데, 새로운 카드들은 우리의 기존 카드 모임 속의 두 카드와 SET을 만드는 것들이 될 것이다. 이를 위해 우리는 모눈에 의지할 것이다. ([그림

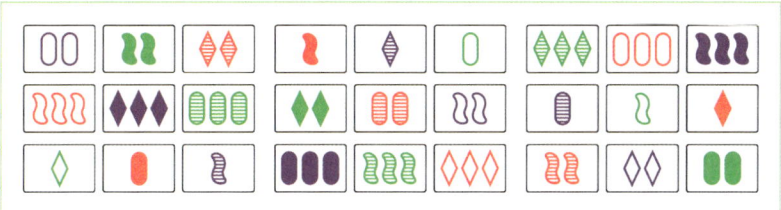

[그림 5.20] 초평면!

5.17]) 빈 카드를 채워나가는 것은 마치 퍼즐과 같은 느낌을 준다. 이를 위한 많은 순서가 있으나, 우리는 5.19에서 하나의 순서를 제안하였다. 우리는 이 방법을 첫 세 장의 새로운 카드를 채우는 방식으로 소개하고자 한다.

[그림 5.19]에서 빠진 17장의 카드를 채워보자

1. [그림 5.19]에서 1이 쓰여진 카드는 '2개 보라 속이 빈 둥근 모양'과 '1개 빨강 속이 찬 꿈틀이'와 **SET**을 이루어야 한다. 그러므로 이 카드는 '3개 초록 줄무늬 다이아몬드'가 된다.

2. 그림에서 2가 쓰여진 카드를 찾기 위해, 우리는 '1개 초록 속이 빈 다이아몬드'와 '3개 초록 줄무늬 다이아몬드'(위에서 찾은 카드)를 사용할 것이다. 그러므로 2번 카드는 '2개 초록 속이 찬 다이아몬드'가 된다.

3. 연습을 위해 하나만 더 해보자. 3번 카드는 '1개 빨강 속이 찬 꿈틀이'와 '2개 초록 속이 찬 다이아몬드'(위에서 찾은 카드)와 **SET**을 이루어야 한다. 이것은 '3개 보라 속이 찬 둥근 모양'이 된다. 하지만 이 카드는 '3개 빨강 속이 빈 꿈틀이'와 '3개 초록 줄무늬 다이아몬드'(위에서 1번으로 놓았던 카드)와도 **SET**을 이루어야 한다는 사실에 주의하자. 우리는 이 카드를 찾기 위한 두 가지 방법이 있었으며, 그 방법들은 같은 결과를 유도하기 때문에, 우리는 행복할 수 있다.

우리는 당신 스스로 나머지 카드들을 모두 채워보기를 제안한다. 당신은 [그림 5.20]을 몰래 훔쳐볼 수도 있는데, 여기에서 우리는 초평면 전체를 제시하였다.

두 가지 사실에 주목하자.

1. 우리가 초평면을 채워나가는 순서에는 서로 다른 수많은[60] 경우의 수가 존재한다. 1번이 매겨진 카드를 포함하는 SET은 반드시 "추가" 카드-여기에서는 1개 빨강 속이 찬 꿈틀이-를 포함하고 있어야 한다. 하지만 이것은 1번으로 매겨질 수 있는 아홉 가지 카드 위치를 제시하는데, 이 위치는 가장 오른쪽에 있는 평면의 임의의 위치이다. 일단 1번 위치를 하나 결정하고 나면, 우리는 초평면에 들어가야 하는 다른 카드들을 즉시 찾을 수 있다. 그러면 우리는 이 과정을 거쳐 순서 1-17번을 결정하는 서로 다른 가짓수를 구할 수 있게 된다. 연습문제 5.3을 보자.
2. 우리가 위에서 3번 카드를 채웠을 때, 사용할 수 있는 SET으로 두 가지가 있었다. 우리가 과정을 진행하면서 카드를 결정할 때 사용할 수 있는 SET의 개수는 점점 더 늘어나게 된다.

사고 실험[61]을 위해 다음을 해보아라.

---

60) 절제해서 하는 말이다. (역자주 : 엄청 많은 경우의 수가 있다는 의미이다)
61) 기본적으로 모든 수학은 사고 실험이다. 그렇지 않은가?

- 마지막으로 남은 빈칸에 채울 카드를 결정할 때, 사용할 수 있는 SET의 개수는 모두 몇 개인가?

초평면의 주어진 한 쌍의 카드에 대해 SET을 이루는 한 장의 카드는 반드시 초평면 안에 존재한다. (이미 본 바와 같이 이것은 수학적으로 "닫혀 있다"라는 용어로 표현한다.) 마지막 남은 빈칸을 채우려면 우리는 남은 카드들 26장(왜냐하면, 총 카드 수가 27장이므로)을 13개 쌍으로 나누어야 한다. 그러므로 우리는 17번째 카드를 결정하는 방법으로 13가지 방법이 있다고 결론 내릴 수 있다. 이것은 또한 각각의 카드는 총 13개 SET 안에 포함되어 있음을 의미하기도 한다.

유클리드 : 정말로 재미있었어. 유한기하학이 패턴 인식과 수세기를 보통의 기하학 공리들과 연결 짓고 있다네.
소크라테스 : 그리고 아핀 평면과 삼차원 아핀 공간에서 이것이 어떻게 성립하는지를 볼 수 있었다네. 이제, 사차원 아핀 공간이란 내가 이해하기에는 전체 SET 카드 묶음이 놓여 있는 것인데, 이것은 어떠한가? 사차원 아핀 공간에 대한 분석은 SET에 어떤 안목을 제공할 수 있을까?
테아노 : 아마도, 우리가 이제 찾을 수 있을 것 같네.

보드게임 SET에
담긴 수학 1

5.5 전체 카드 묶음: 사차원 아핀 기하와 AG(4, 3)

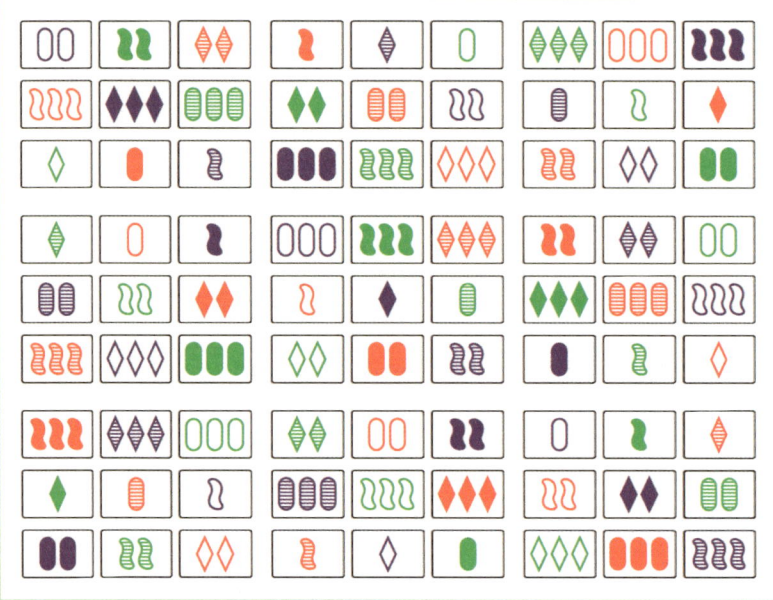

[그림 5.21] AG(4, 3)의 멋진 모습

우리는 이제 드디어 전체 카드 묶음의 기하학을 다룰 준비가 되었다. 초평면을 만들 때 우리는 평면을 택하고 새로운 카드 한 장을 추가했었다. 초평면에 한 장의 카드만 더하면 사차원 공간 전체, 즉 전체 카드 묶음을 정의하게 된다.

아핀 기하의 관점에서 전체 카드 묶음은 한 직선에 3개 점이 놓이는 AG(4, 3)이라 불리는 사차원 아핀 기하를 이룬다. AG(4, 3)을 카드 묶음에서 구성하면, 우리는 구조적이고 감동적이기까지 한 9×9 배열을 만들게 된다. 여기에서 각각의 **SET**, 평면, 초평면을 볼 수 있다.[62] [그림 5.21]은 이러한 배열의 한 가지 예이다. 우리는 이것을 "마법의 전체 카드" 혹은 "사차원 초평면"이라고 부를 것이다.

당신 스스로 해보면 어떨까? 당신은 이미 모든 도구를 가지고 있다. 먼저 지난 절에서 했던 것처럼 초평면을 하나 만든다. 초평면에서 사용하지 않았던 카드를 한 장 뽑는다. 그런 후 당신이 가진 초평면에서 하나의 평면을 고른 후 또 다른 카드를 이용하여 새로운 초평면을 만든다. 이러한 과정을 반복하며, 빈칸을 **SET**을 이용해서 미친 듯이 채우면 된다.

사실, 당신은 초평면에서 시작할 필요가 없다. 당신의 아름다운 배열을 만들려면 당신은 다섯 장의 카드로부터 시작하면 된다! 여기에 그 이유가 있다.

- 우선 낮은 차원에서의 유추를 이용하면, 두 장의 카드가 **SET**을 유일하게 결정함은 이미 알고 있다. 우리는 이것을 다음과 같은 기하적인 용어로 변환시켰다.
  임의의 서로 다른 두 점은 유일한 직선을 결정한다.
- 우리가 1장에서 처음으로 평면을 만들었을 때, 우리는 **SET**을 이루지 않는 세 카드가 필요했었다. 그러면 평면의 나머지 부분이 유일하게 완전히 결정되었다. 기하적인 관점에서 이것은 다음과 같이 잘 알려진 성질로 변환된다.
  같은 직선에 놓이지 않은 서로 다른 세 점은 유일한 평면을 결정한다.

---

[62] 당신이 어디를 봐야 할지 알고 있다면.

- 초평면에 대해서 우리는 네 장의 카드가 필요했는데, 그 중 어떤 세 장도 같은 평면에 놓이면 안 되었다. 기하학적으로 이것은 사차원에서 다소 덜 익숙한 다음과 같은 사실과 동치이다. **같은 평면에 놓이지 않은 4개 점은 삼차원 초평면을 유일하게 결정한다.**

그러므로 우리가 AG(4,3)을 만들기 위해서는 5개 점이 필요한데, 이 점 중 어느 네 개도 한 삼차원 초평면에 포함되지 않아야 한다. 언젠가 당신이 전체 카드를 다 가지고 있고, 깨끗한 바닥이 있고, 시간이 있다면 스스로 한 번 만들어 보기 바란다.

우리는 AG(4,3)에 대한 내용을, 멋진 [그림 5.21]에 관한 설명을 몇 개 추가하며 마무리하고자 한다.

1. 한 SET과 평행한 SET들을 쉽게 찾을 수 있다. 예를 들어, 그림의 왼쪽 위에 놓인 평면의 가장 윗줄에 놓인 SET인 '2개 보라 속이 빈 둥근 모양', '2개 초록 속이 찬 꿈틀이', '2개 빨강 줄무늬 다이아몬드'를 고른다고 하자. 그러면 이 SET과 평행한 26개 SET들은 상당히 쉽게 찾을 수 있다. 이것들은 단지 9개 3×3 모눈에서 가로로 놓인 SET 26일 뿐이다. 우리는 이에 대해 8장에서 더 자세하게 다룰 것이다.

2. 이제 각각의 3×3 모눈을 하나의 점으로 축소시켰다고 상상해 보자. 만일 당신이 그 점들 중에서 AG(2, 3)에 있는 직선을 이루는 3개 점을 골라냈다고 생각한다면, 이 점들에 대응하는 3개 평면은 초평면을 이룬다! (이것을 "시각화"하는 한 가지 방법은 그림을 아주 멀리 떨어뜨린 채로 보는 것이다.)

[표 5.2] SET 카드 묶음에서 개수 세기

카드 수	SET 수	평면 수	초평면 수
81	1080	1170	120

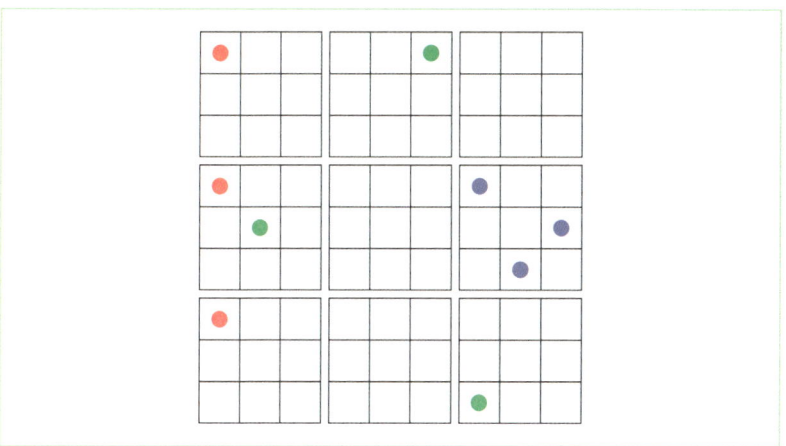

[그림 5.22] "마법 카드 묶음"에서의 SET들

3. 마지막으로, 여기에서 개수를 셀만한 것이 아주 많이 있다. 우리는 [표 5.2]에 전체 SET의 개수, 평면의 개수, 초평면의 개수를 제시하였다. 이러한 개수들을 세는 방법은 6장에서 설명한다.

[그림 5.21]에서 SET은 어디에 있는가? 초평면에서 한 것과 같이, 우리는 [그림 5.22]와 같은 모눈들을 사용하여 SET의 상대적인 위치를 보여줄 것이다. 여기에는 마찬가지로 세 가지 가능성이 존재한다.

1. SET이 하나의 3×3 모눈에 완전히 포함되는 경우, 이때에 SET은 평면에서와 동일한 위치를 가진다. (파란색 점)

2. **SET**이 3개 3×3 모눈에 한 번씩 나오는 경우 중 모눈들이 AG(2, 3)에 있는 직선과 같은 위치를 가지고 있고 카드들은 각각의 평면에서 같은 위치를 가지는 경우. (빨간색 점)
3. **SET**이 3개 평면에 한 번씩 나오는 경우 중 각각의 평면이 AG(2, 3)에 놓인 직선과 같은 위치를 가지고 있고, 당신이 그 평면들을 겹쳐 놓는다면 그들은 한 평면에서 **SET**의 위치를 가지는 경우. (초록색 점)

 핵심 요약

[그림 5.21]은 멋지고, 당신이 시간을 들여 관찰하고 패턴을 찾아볼 만한 가치가 있다.

5.6 최대 캡들 – 미리 보기

당신이 [그림 5.21]을 살펴보고 있는 동안, 우리의 세 학자는 SET 게임을 여러 차례 하였고, 이제 소크라테스가 질문을 가지고 있다.

소크라테스 : 내가 관찰해보니 12장의 카드에서 SET이 없는 경우가 그렇게 희귀하다고 볼 수는 없겠네. 그런데 우리가 3장의 카드를 더 배열했을 때 15장의 카드에서 반드시 SET을 찾을 수 있다는 보장이 있겠나? 내 생각에 내가 정말로 묻고 있는 것은, 'SET을 포함하지 않는 카드 수의 최댓값은 얼마인가'라네?

유클리드 : 기하학자가 볼 때, AG(4, 3)의 기하학에서 직선을 포함하지 않는 점들의 최대 개수를 묻는 것으로 질문할 수도 있겠네.

테아노 : 그리고 그 대답을 알고 있는 사람으로서, 내 대답은 "20"이라네.

이것은 대단히 중요한 질문으로서, 기하학자들은 SET이 개발되기 이전[63]에 이미 답을 찾았었다. 우리는 이 질문에 대해 9장에서 다시 다룰 것인데, 거기에서 구조를 더 자세하게 다룰 것이다.

---

63) 이 사실은 SET이 개발되기 한참 전인 1971년에 Giuseppe Pellegrino가 발표한 논문 〈Sul massimo ordine delle calotte in $S_{4,3}$〉에서 처음 증명되었다. 이것은 이탈리아어로 쓰여 있다. 우리는 읽어보지 않았다.

> 보드게임 SET에
> 담긴 수학 1

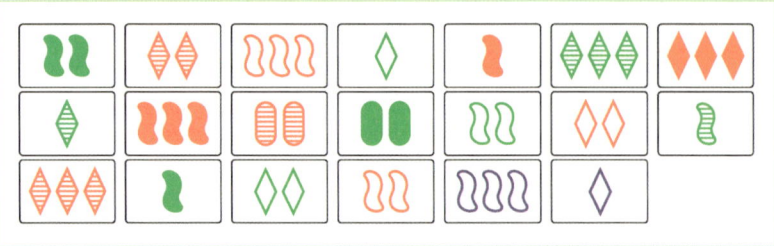

[그림 5.23] 가장 큰 캡은 20장의 카드를 가지고 있다. 당신이 원한다면 찾아보기 바란다. 하지만 당신은 여기에서 SET을 하나도 발견하지 못할 것이다.

이것은 게임을 하는 방식에도 영향을 끼쳤다. 게임은 처음에 12장의 카드를 배열하고, 여기에서 SET을 찾을 수 없을 때 3장의 카드를 추가로 배열하여 15장을 만드는 것이다. 하지만 (대단히 드물게 일어나는 일이지만) 15장의 카드에 SET이 여전히 없는 경우가 생길 수 있다.[64] 사실 3장의 카드를 더 배열하여도 (그래서 다루기 어려운 개수인 18장이 펼쳐져 있더라도) SET의 존재성은 보장되지 않는다. 3장의 카드를 더 배열하여, 총 장수가 21장(헉!)이 되었을 때에야 비로소 SET이 있다는 사실이 보장된다.

기하학자들은 직선을 포함하지 않는 점들의 모임을 **캡(cap)**이라고 부른다. 20장으로 이루어진 캡은 어떻게 생겼는가? 우리가 [그림 5.23]에서 하나를 제시하였다.

지금으로서는 궁금증을 참을 수 없는 독자들을 위해 9장에 대해 간단히 훑어보려 한다. 우리는 [그림 5.23]에 놓인 카드들의 기하학적 구조를 이해할 수 있다. 20장의 카드들은 10개 쌍으로 분해될 수 있는데, 한 장의 카드가 10개 쌍을 SET으로 만든다. 이것을 보기 위해, 첫 두 장의 카드를 SET으로 만드는 카드를 찾아보자. 두 번째 두 장의 카드에 대해서도 같은 작업을 하고 이를 반복한다.

---

64) 실제로 우리에게 일어난 적이 있다.

모든 쌍은 '2개 보라 속이 빈 둥근 모양' 카드를 써서 SET을 만들 수 있으므로, 이 캡은 대단히 큰 교차SET이다. 사실 이것은 10중 교차SET이 된다.

보드게임 SET에
담긴 수학 1

5.7 여섯 장의 카드 정리

우리가 최대 캡에 대해 논의했기 때문에, 이제는 마지막 카드 게임을 다시 돌아볼 준비가 되었다. 게임의 끝에 남은 카드들은 반드시 캡이 되어야 하는데, 왜냐하면 이 카드들에는 SET이 없기 때문이다.

얼마나 많은 카드가 마지막에 남을 수 있는가? 이 수는 반드시 3의 배수여야 하지만, 세 장의 카드가 남을 수는 없다. (우리는 1장에서 이에 대해 소개하였고, 4장에서 모듈로 연산을 이용하여 그 이유를 설명하였다.) (대단히 드물지만) 마지막에 카드가 하나도 남지 않아서 모든 카드를 없애는 것이 가능하기도 하다.

그러므로 카드가 끝에 남았다면, 최소한 6장의 카드는 있어야 한다. 우리는 9장이 남았을 때 SET이 없었던 경우도 있었고, (아주 드물게) 12장인 경우도 있었다. 아주 극단적으로 드문 경우에는 12장보다 많은 카드가 남기도 했다.[65]

우리는 4장에서 6장의 카드가 남았을 때를 살펴보았는데, 그때에는 특별한 구조가 있었다. 모듈로 연산의 응용으로, 우리는 다음과 같은 사실을 보였다.

- 여섯 장의 카드를 세 쌍으로 마음대로 나누어라. 각각의 쌍이 SET이 되도록 카드를 추가하여라. 이 추가된 세 장의 카드는 SET을 이루든지 아니면 동일한 카드가 된다.

---

[65] 10장의 컴퓨터 시뮬레이션은 이에 대한 대략적인 확률을 제공한다.

CHAPTER 05 SET과 기하학

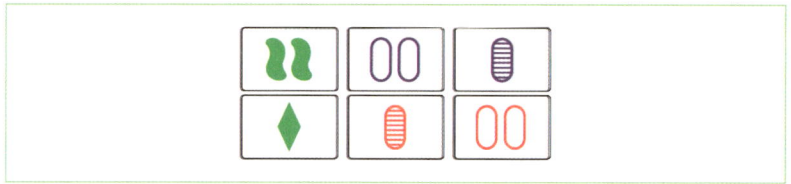

[그림 5.24] 소크라테스, 유클리드와 테아노가 한 게임의 끝에 남은 여섯 장의 카드

이것은 게임이 끝났을 때 여섯 장의 카드가 남았다면, 조사해야 될 경우가 두 가지 있음을 알려준다.

1. 카드들이 삼중 교차SET을 이룬다.
2. 카드들이 삼중 교차SET을 이루지 않기 때문에, 모든 쌍이 서로 다른 SET을 이룬다. (이때 새로 추가된 카드 중에는 서로 겹치는 것이 없다)

우리는 초평면에 대해 알고 있는 사실을 써서 이 두 가지 경우를 구분할 것이다.

경우 1

여섯 장의 카드가 삼중 교차SET을 이룬다.

남은 여섯 장의 카드가 삼중 교차SET을 이룰 때 이 카드들은 어떤 구조를 가지는가? 이 카드들은 초평면에 포함된다는 사실을 확인할 것이다. 사실 우리는 이 카드들을 이용하여 유일한 초평면을 결정할 것이다. [그림 5.24]는 소크라테스, 유클리드, 테아노가 열정적으로 게임을 하고 남은 여섯 장의 카드가 삼중 교차SET을 이루는 것을 보여준다. 이 카드들은 모두 [그림 5.25]의 초평면에 놓인다.

[그림 5.24]로 돌아와서 살펴보면, 우리는 '3개 초록 속이 찬 둥근 모양'이 SET을 완성한다는 것을 알 수 있다. 우리는 이 카드를

5.7 여섯 장의 카드 정리 **209**

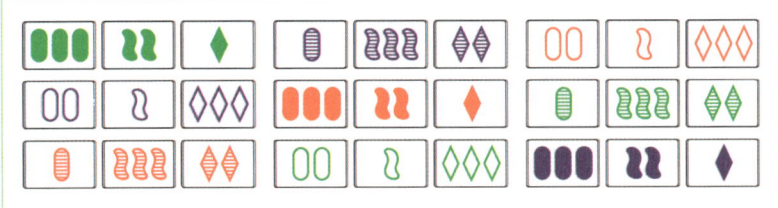

[그림 5.25] 이 초평면은 [그림 5.24]에서 소크라테스, 유클리드, 테아노가 했던 게임에서 남았던 삼중 교차SET을 포함하고 있다.

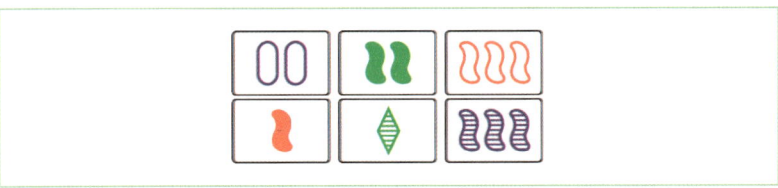

[그림 5.26] 소크라테스, 유클리드, 테아노가 한 다음 게임에서 남은 여섯 장의 카드. 그들은 정말로 빨리 게임을 한다.

[그림 5.25]의 왼쪽 위에 배치하였다. 이제 우리의 초평면이 정말로 삼차원 정육면체 모양([그림 5.16]처럼)이라고 상상해보자. 우리는 우리의 특별한 여섯 장의 카드를 정육면체의 한 점(카드), 즉 삼중 교차SET의 중심을 이루는 카드에서 만나는 정육면체의 세 변이라 생각하자. 이것은 당신에서 삼차원 데카르트 좌표평면에서 x축, y축, z축을 기억나게 할 것이다.

 기억할 메시지
여섯 장의 카드가 삼중 교차SET을 이룬다면, 이 카드들은 [그림 5.25]와 같이 항상 초평면에 놓일 수 있다.

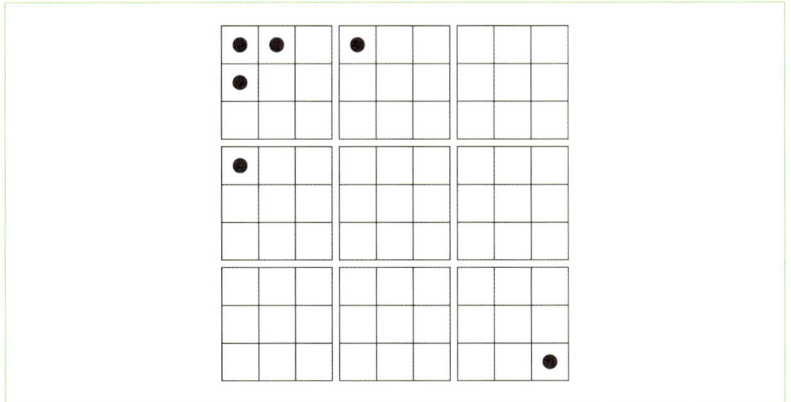

[그림 5.27] 삼중 교차SET을 이루지 않는 여섯 장의 카드는 항상 이렇게 놓일 수 있다.

경우 2

여섯 장의 카드가 삼중 교차SET을 이루지 않는 경우

여섯 장의 카드가 게임 끝에 남았으나 이들이 삼중 교차SET을 이루지 않는 경우에는 어떻게 되겠는가? 이미 4장에서 언급한 바와 같이 이것은 대부분의 경우에서 벌어진다. (10장의 컴퓨터 시뮬레이션에 의하면 대략 여섯 장의 카드가 남았을 때의 80% 정도) 먼저, 어떤 사람들은 이러한 일이 벌어질 때 조금 슬플지도 모르겠다. 삼중 교차 SET을 이루는 쌍을 찾는 것은 재미있었기 때문이다. 하지만 [그림 5.26]에 있는 여섯 장의 카드들이 가진 기하학적 구조는 무엇일까?

이 카드들은 어떤 초평면에도 놓일 수 없어서, 카드 묶음 전체가 필요하다는 사실을 확인할 것이다. 우리는 이 카드들을 [그림 5.27]의 점으로 표시된 곳에 놓을 수 있다. 당신은 [그림 5.26]의 여섯 장의 카드들이 [그림 5.21]과 같은 위치에 놓인다는 것을 확인할 수 있을 것이다. 복잡한 기술적인 것들은 내려놓고, 우리는 검은 점들이 놓인 위치들이 마치 조금은 화살표처럼 보인다고 생각할 것이다.

> 보드게임 SET에
> 담긴 수학 1

만일 당신이 SET 게임을 하던 중 여섯 장의 카드가 마지막에 남았고, 무언가 다른 일을 해보고 싶다면, 먼저 그 카드들이 삼중 교차SET이 되는지를 확인해야 한다. 만일 그렇지 않다면, 당신은 마음대로 다섯 장의 카드를 뽑아 [그림 5.27]의 왼쪽 위에 있는 점들 위치에 배치할 수 있다. 여기에서 당신이 자유롭게 **SET**들을 만들어 나가면, 남았던 여섯 장의 카드 중 마지막 카드는 항상 오른쪽 아래 점의 위치에 놓이게 된다.

5.8 다섯 장의 카드가 이상하게 남은 상황 다시 보기

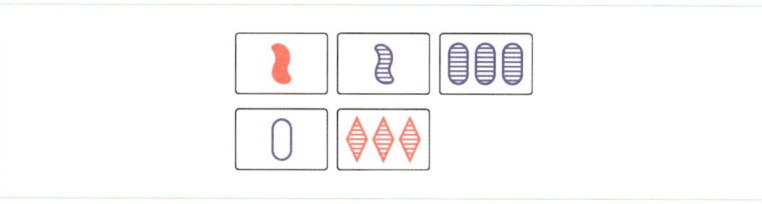

[그림 5.28] 마지막 카드 게임이 성립하지 않는 다섯 장의 카드

4장에서 우리는 여섯 장의 카드가 남았을 때 마지막 카드 게임과 관련된 상황을 한 번 더 다루었다. 마지막 카드 게임에서 한 장의 카드를 숨겼기 때문에, 우리는 (상당히 빈번하게) 다섯 장의 카드를 볼 수 있다. 우리는 다음과 같은 질문을 했었다.

> **다섯 장의 카드 질문**
> 임의의 다섯 장의 카드가 항상 나타날 수 있는가?

우리가 그 장에서 살펴본 바와 같이, 이 질문의 답은 '아니요'이다. 다섯 장의 카드를 적절히 뽑아서 마지막 카드 게임으로 결정되는 여섯 번째 카드가 이미 기존에 있는 카드가 되도록 만들 수 있었다. 이것은 이러한 다섯 장의 카드는 게임 끝에 나올 수 없다는 것을 의미한다. 우리는 이제 이번 장의 아이디어를 사용하여 어떻게 그러한 성질을 가진 다섯 장의 카드를 만들 수 있는지 보이겠다.

먼저 평면에 포함되지 않은 네 장의 카드를 뽑는다. 당신은 카드들이 SET을 포함하지 않고 교차SET이 되지 않는다는 사실로부터 카드들이 평면에 포함되지 않는다는 것을 확인할 수 있다. 예를 들면, 우리는 '1개 빨강 속이 찬 꿈틀이', '1개 보라 줄무늬 꿈틀이', '3개 보라 줄무늬 둥근 모양', '1개 보라 속이 빈 둥근 모양'을 사용할 것이다.

다음으로 카드들의 좌표를 구하고 mod3에서의 합을 계산한다. (4장에서 했던 과정을 기억해보자.) 우리 경우에는 순서대로 좌표가 (1, 2, 2, 2), (1, 1, 1, 2), (0, 1, 1, 1), (1, 1, 0, 1)이고, 그러므로 이들의 mod3 합은 (0, 2, 1, 0)이 되고, 이것은 [그림 5.28]과 같이 '3개 빨강 줄무늬 다이아몬드'에 대응한다.

이제 마지막 카드 게임에서 숨긴 카드 찾기를 해보면, 그 결과는 이미 카드로 나와 있는 '3개 빨강 줄무늬 다이아몬드'를 얻게 된다. (직접 해보기 바란다.) 이것은 이 다섯 장의 카드가 마지막 카드 게임에서 실제로는 나타날 수 없음을 의미한다. 이렇게 되는 무엇일까? '3개 빨강 줄무늬 다이아몬드'의 좌표 (0, 2, 1, 0)이 다른 네 카드의 모듈로 합이었음을 기억하자. 이것은 다섯 장의 카드의 좌표의 합이 $2 \times (0, 2, 1, 0)$임을 의미하고, 그러므로 합이 (0, 0, 0, 0)이 되려면 (0, 2, 1, 0)을 한 번 더 더할 수밖에 없다.

이제 우리는 이 카드들을 사용하여 마지막 카드 게임이 성립하지 않는 다섯 장의 카드를 네 번 더 만들어 낼 수 있다. 여기에서 하나를 보여주고, 나머지(와 이에 대한 분석)는 연습문제 5.6에서 다룬다. 우리는 다섯 장의 카드에서 네 장을 뽑을 수 있는데, '3개 빨강 줄무늬 다이아몬드'를 포함하도록 할 수 있고, 뽑은 네 장의 카드에서 위의 과정을 다시 반복할 수 있다. 우리는 당신이 '1개 보라 줄무늬 꿈틀이', '3개 보라 줄무늬 둥근 모양', '1개 보라 속이 빈 둥근 모양', '3개 빨강 줄무늬 다이아몬드' 카드들을 이용하여 스스

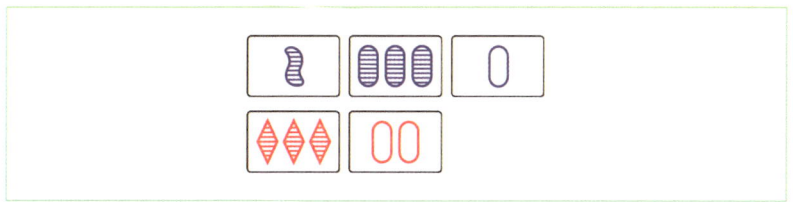

[그림 5.29] 마지막 카드 게임이 성립하지 않는 새로운 다섯 장의 카드

로 해보기를 권한다. 그들의 좌표 합은 (2, 2, 0, 1)이고 이는 [그림 5.29]에 있는 '2개 빨강 속이 빈 둥근 모양'에 대응한다.

예상한 바와 같이, 마지막 카드 게임을 하면 우리가 추가했던 2개 빨강 속이 빈 둥근 모양 카드가 나온다. 여기에 흥미로운 사실이 있다. 우리는 '1개 빨강 속이 찬 꿈틀이'를 빼고 '2개 빨강 속이 빈 둥근 모양'을 추가하였다. 이러한 두 장의 카드는 '3개 빨강 줄무늬 다이아몬드'와 **SET**을 이루는데, 이것은 우리가 처음 추가했던 카드이다. 연습문제 5.6은 당신에게 이 아이디어를 더욱 탐구할 기회를 제공할 것이다.

5.9 결론

유클리드 : 나는 우리가 다른 공리들로부터 시작했을 때 어떤 일이 벌어지는지에 대해 대단히 놀랐다네. 단순히 공리들을 바꿈으로써 모순이 없고 추상적인 기하학을 얻을 수 있다는 것을 나는 상상도 하지 못했지. 나는 내 주위 세상을 설명하려고 시도했던 것 뿐이었어. 내 마음에는 오직 한 가지 공리들만 있다고 생각했다네.

테아노 : 그리고 수천 년 동안 대부분의 사람이 그렇게 생각했었던 것으로 보인다네. 사람들이 비유클리드 기하학들에 대한 아이디어에 마음을 열게 되기까지는 정말로 오랜 시간이 걸렸지. 이러한 기하학들이 수학자들 사회에서 인정받게 된 것은 불과 200년 전부터였다네. 재미있는 사실은, 완전히 추상적인 개념임에도 불구하고 이러한 기하학들의 일부는 현실 세계에서 유용하다는 사실이 밝혀지게 된 것이라네.

소크라테스 : 우리는 아핀 기하가 정말로 유용하다는 사실을 확실하게 볼 수 있었네. 다른 어떤 종류의 기하학이 실생활에 유용한 응용을 가지는가?

테아노 : 모든 종류가 다 유용하다네, 소크라테스. 사영기하 (Projective geometry)는 카드 게임에서 나올 수 있는 또 다른 기하학이라네.[66] 이것은 화가들이 원근

법을 공부할 때 대단히 중요하게 사용되지. 거기에 더하여, 구면기하는 항해술에 중요하게 쓰이는데 왜냐하면 지구는 (대략적으로) 둥글기 때문이고, 쌍곡기하는 아인슈타인의 일반 상대성 이론에서 사용되고 있다네.

소크라테스 : 다음에는 어떤 종류의 기하학이 발견될지 정말로 기대된다네!

테아노 : 오, 소크라테스여, 내 생각에 이 장 전체에서 처음으로 당신이 질문이 아닌 말을 한 것 같네.

소크라테스 : 질문이 함축된 말이었다네! 하지만 한 발 더 나아가 직접적으로 질문하겠네. 다음에는 어떤 종류의 기하학이 발견될 것인가?

유클리드 : 단순히 묻기만 하는 질문은 아닌 것 같네. 독자들이여, 내가 당신들에게 직접적으로 말하노니, 가서 더 많은 기하학을 찾으시오!

테아노 : 그리고 당신이 휴식을 취할 때에는 SET 게임을 즐기시오.

---

66) 사실, 당신은 사영기하에 기반하여 SET 게임을 변형한 것을 직접 할 수도 있다. 더 많은 정보는 9장을 보기 바란다.

> 보드게임 SET에 담긴 수학 1

연/습/문/제

5.1. 유한 아핀 기하학의 공리로부터 한 쌍의 직선들은 항상 같은 수의 점을 가짐을 직접적으로 증명하시오. [**힌트** : 당신은 직접 증명할 수도 있고, 귀류법을 사용할 수도 있다. 직접 증명하는 경우, 먼저 서로 만나는 두 직선은 반드시 같은 수의 점을 가져야 함을 보일 수 있고, 이로부터 평행한 한 쌍의 직선들도 반드시 같은 수의 점을 가진다는 사실을 보일 수 있다. 만일 귀류법을 쓴다면, 두 직선이 서로 다른 수의 점을 가진다고 가정하고, 이 사실이 공리들과 모순이 된다는 것을 보이면 된다. 참고: 당신은 두 가지 경우를 고려해야 하는데, 두 직선이 만나는 경우와 서로 평행한 경우이다.]

5.2. 이번 연습문제에서는 유한기하학의 네 공리가, 당신이 알게 되었고 사랑하고 있는 AG(2, 3)의 그림을 반드시 유도한다는 사실을 보일 것이다. 우리는 각 직선이 3개 점을 가진다는 사실을 가정한다. [**힌트** : 연습문제 5.1을 참고하라]

a. 공리1에 의하여 한 직선 위에 있지 않은 3개 점을 그리라. 그 점들을 A, B, D라 하자.

b. A와 B를 지나는 직선을 그리고 이 직선 위에서 점 C를 잡아라.

c. D는 직선 ABC위에 있지 않으므로, 공리4에 의하여, 당신이 그린 직선과 평행한 직선이 존재한다. 직선을 그리고 그 위에 두 점 E, F를 잡는다.

d. 이제 당신은 두 평행한 직선 ABC, DEF를 가지게 되었다. A와 D를 포함하는 직선이 있고, 여기에서 세 번째 점인 G를 잡는다. 어떤 공리가 이 새로운 점의 존재성을 보장하는가?

e. B를 지나고 ADG에 평행한 직선이 존재한다. 왜 이 직선이 DEF와 만나는가? 우리는 직선이 E점을 포함한다고 가정할 수 있고, 여기에 점 H를 추가할 수 있다.

f. C를 지나고 ADG에 평행한 직선도 존재한다. 이전과 같이 이 직선은 반드시 직선 DEF와 만나야 한다. 이 직선이 직선 DEF와 F점에서 만난다는 사실을 보이시오. C를 지나는 직선 위에 I점을 잡는다.

g. G와 H를 지나는 직선들은 반드시 I점을 포함해야 한다

h. 당신은 아직도 A와 E를 지나는 직선, A와 F를 지나는 직선, B와 D를 지나는 직선 등이 더 필요하다. 당신은 ABC와 DEF 위의 점들을 서로 잇는 모든 직선이 필요하다. 이 직선들을 모두 긋고 당신이 사용한 공리들을 명시하시오. (당신이 모든 직선 그리기를 마쳤을 때, 당신은 멋진 AG(2, 3) 그림을 얻게 될 것이고, 왜 이 그림이 반드시 그려지는지에 대한 빈틈없는 논증도 얻게 된다.

축하한다! 당신은 직선 위에 세 점이 놓이는 유한 아핀 기하학에서 유일하게 존재하는 아핀 평면을 완성하였다.

5.3. 우리가 한 평면과 한 추가 카드로부터 초평면을 완성하였을 때, [그림 5.19]와 같이 17개 빈자리에 순서를 매겼었다.

   a. 왜 가장 오른쪽에 있는 평면 위의 어떤 위치라도 첫 번째 카드의 위치가 될 수 있는지 설명하여라.

   b. 왜 초평면을 채울 때 $9 \times 16!$가지 가능한 순서가 존재하는지 설명하여라. (여기에서 $9 \times 16! = 188,305,108,992,000$는 대단히 큰 숫자이다.)

5.4. 우리는 SET의 **평행선 모임(parallel classes)**을 정의할 수 있는데, 두 SET이 같은 평행선 모임의 원소가 될 필요충분조건은 두 직선이 서로 평행하다는 것이다. (수학 배경 지식이 있는 독자들이라면, "평행"은 동치관계이기 때문에, 우리가 사실 이 관계의 동치류를 이야기하고 있다는 것을 알 것이다. 이에 대해서는 연습문제 8.3에서 다룬다.)

   a. 하나의 속성만 다른 SET들에는 정확히 4개 평행선 모임이 존재함을 보이시오.

   b. 왜 임의의 두 평행선 모임은 항상 같은 수의 SET을 포함하는지 설명하시오.

c. 두 가지 속성만 다른 SET들에는 몇 개 평행선 모임이 존재하는가? 당신의 답이 맞다는 것을 두 가지 방법으로 확인하시오. 먼저 (b)를 이용하는 방법으로, 그리고 직접 세는 방법으로 확인하시오.

d. 세 가지 속성만 다른 SET들에는 몇 개 평행선 모임이 존재하는가? 당신의 답이 맞다는 것을 두 가지 방법으로 확인하시오. 먼저 (b)를 이용하는 방법으로, 그리고 직접 세는 방법으로 확인하시오.

e. 네 가지 속성이 다른 SET들에는 몇 개 평행선 모임이 존재하는가? 당신의 답이 맞다는 것을 두 가지 방법으로 확인하시오. 먼저 (b)를 이용하는 방법으로, 그리고 직접 세는 방법으로 확인하시오.

5.5. 당신이 SET 게임을 하였고, 마지막에 여섯 장의 카드가 남았다고 하자. 만일 여섯 장의 카드 중에 교차SET이 있다면, 여섯 장의 카드는 사실 삼중 교차SET이 되는 이유를 설명하시오.

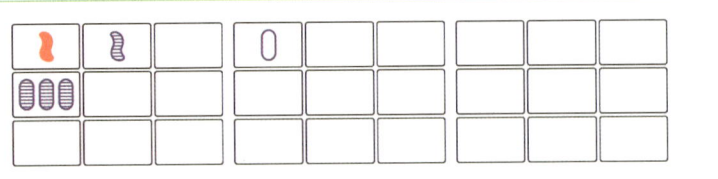

[그림 5.30] 연습문제 5.6

5.6. 이번 장에서 우리는 마지막 카드 게임이 성립하지 않는 다섯 장의 카드로 같은 평면에 놓여 있지 않은 (그러므로 **SET**도 없고 교차SET도 아니다) 네 장의 카드인 '1개 빨강 속이 찬 꿈틀이', '1개 보라 줄무늬 꿈틀이', '3개 보라 줄무늬 둥근 모양', '1개 보라 속이 빈 둥근 모양'을 사용했었다. 우리는 좌표를 찾았고, 그것들을 mod3으로 더해서 '3개 빨강 줄무늬 다이아몬드'를 얻었다. 우리는 이 다섯 장의 카드로 마지막 카드 게임을 진행했었고, 그 결과 '3개 빨강 줄무늬 다이아몬드'가 되었다. 다음으로, 우리는 다섯 장의 카드에서 '1개 빨강 속이 찬 꿈틀이'를 빼고 같은 작업을 한 번 더 했었다. 그 결과 새로운 카드로 '2개 빨강 속이 빈 둥근 모양'을 얻어 또 다른 마지막 카드 게임이 성립하지 않는 다섯 장의 카드를 만들어냈다. 우리는 이것을 더욱 탐구할 것이다.

a. 먼저 [그림 5.30]에 있는 카드들에서 시작하여 초평면을 만드시오. 초평면을 채운 후 '3개 빨강 줄무늬 다이아몬드'가 어느 위치에 있는지 찾으시오. 정말로 멋진 위치 아닌가? 다음으로 '1개 빨강 속이 찬 꿈틀이'를 뺀 네 장의 카드를 이용하여 마지막 카드 게임이 성립하지 않도록 하는 카드를 찾으면 '2개 빨강 속이 빈 둥근 모양'이다. 이 카드를 평면에서 찾으시오.

b. 카드들의 좌표를 이용하여, 다섯 장의 카드에서 C를 빼고 네 장의 카드로 마지막 카드 게임이 성립하지 않도록 하는 새로운 카드를 찾으면, 이 카드는 C, '3개 빨강 줄무늬 다이아몬드'와 SET을 이룸을 설명하시오.

c. (b)를 이용하여 좌표를 이용하지 않고 마지막 카드 게임이 성립하지 않는 예를 세 가지 더 찾으시오. 그 카드들이 초평면의 어느 위치에 놓이는지를 찾으시오.

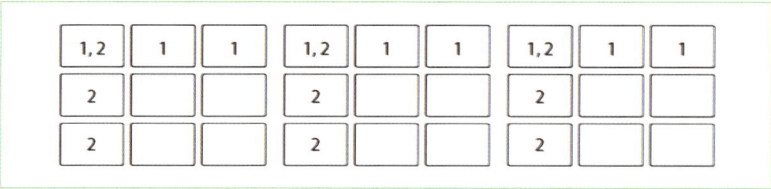

[그림 5.31] 연습문제 5.7: 1번이 매겨진 카드들은 부분평면을 이루고, 2번이 매겨진 카드들도 마찬가지이다.

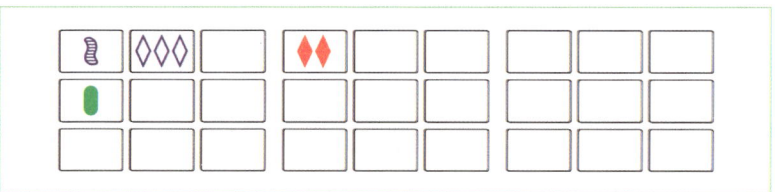

[그림 5.32] 연습문제 5.7: 위와 같이 네 장의 카드로 시작하시오.

5.7. 초평면 만들기. 이 연습문제에서 우리는 초평면을 만드는 새로운 방법을 보게 될 것이다. [그림 5.31]을 보자.

이 그림에서 1번이 매겨진 카드들은 부분평면을 이룬다. 비슷하게 2번이 매겨진 카드들도 또 다른 부분평면을 이룬다. (당신은 이 사실을 이번 장에서 다룬 다른 초평면, 예를 들면 [그림 5.20]과 같은 경우에서 확인할 수 있다.) 당신은 이 사실을 이용하여 초평면을 [그림 5.32]에 있는 네 장의 카드로부터 만들어 낼 수 있다.

a. 각각의 평면의 가장 윗 행을 뽑아서 아래로 배열하면 당신은 [그림 5.33]과 같이 평면을 얻는다.
이 평면을 완성하고, 이들을 초평면의 가장 위쪽 행에 배치하시오.

b. 다음으로 각각의 평면의 왼쪽 열을 뽑아서 오른쪽으로 배열하면 당신은 [그림 5.34]와 같이 평면을 얻는다.
이 평면을 완성하고, 이들을 초평면의 가장 왼쪽 열에 배치하시오.

c. 이제 최종적인 초평면을 볼 수 있도록 모든 평면을 완성하시오.

[그림 5.33] 연습문제 5.7: 우리 초평면의 한쪽 면, 왼쪽은 차있고 오른쪽은 채워야 한다

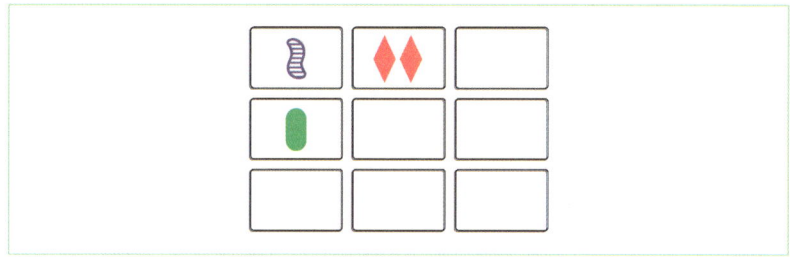

[그림 5.34] 연습문제 5.7: 우리 초평면의 다른 쪽 면

프/로/젝/트

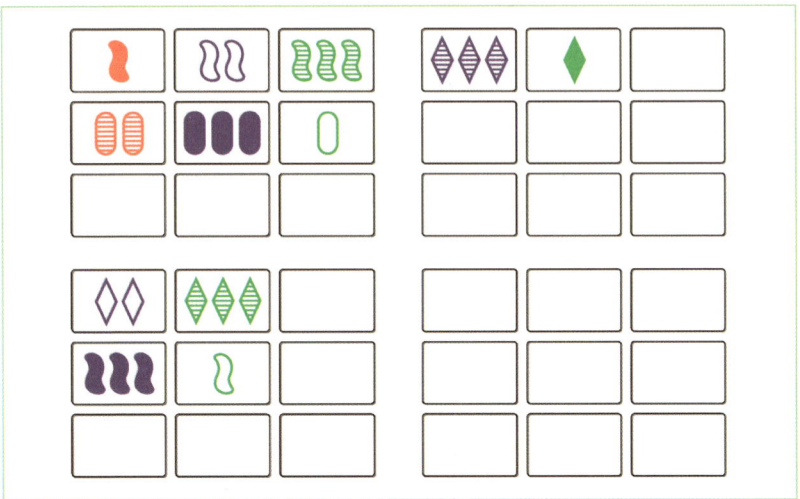

그림 5.35 프로젝트 5.1. 정확히 2개 SET을 포함하는 12장의 카드들

5.1. 12장의 카드 배열에 얼마나 많은 SET이 존재하는가? 이번 프로젝트에서 당신은 주어진 개수의 SET을 포함하는 배열을 찾을 뿐만 아니라, AG(4, 3)에서 SET들이 어떻게 놓여 있는지를 보일 것이다. 예를 들어 [그림 5.35]에서 2개 SET이 놓여 있는 것을 볼 수 있다. 당신은 다른 SET이 없도록 나머지 카드들을 채울 수 있게 될 것이다. 다음 내용에서 당신은 Cap Builder라는 소프트웨어를 사용할 수도 있다. (9장에서 소개하며, http://webbox.lafayette.edu/~mcmahone/capbuilder.html에 올려져 있다.)

    a. AG(4, 3)에서 SET을 하나도 포함하지 않는 12장의 카드 배열을 찾으시오. 이 배열에서 SET이 없다는 것이 명백하게 보여야 한다.

b. AG(4, 3)에서 SET을 하나만 포함하는 12장의 카드 배열을 찾으시오. 이 배열에서 SET이 하나뿐이라는 것이 명백하게 보여야 한다.

c. 그림은 정확히 2개 SET이 있는 12장의 카드를 보여주고 있다. 이제 AG(4, 3)에서 서로 교차하는 2개 SET을 포함하는 12장의 카드 배열을 찾으시오.

d. 정확히 3개 SET을 포함하는 배열은 많이 있다. 그들 중 하나를 AG(4, 3)에서 찾아서, 이것이 정확히 3개 SET을 포함하는 것이 명백하게 보이도록 하시오.

e. 12장의 카드에 있는 SET의 개수의 최댓값은 14개이다. 이 최댓값을 가지는 12장의 카드 배열을 찾으시오.

f. 0개부터 14개까지 각각의 수에 대하여 그 수만큼의 SET을 포함하는 12장의 카드가 있음을 예를 통해 보이시오. 당신이 이미 위에서 5개를 찾았기 때문에, 10개만 더 찾아보면 된다.

1권을 마치며

어떻게 하면 SET 실력을 향상시킬 수 있는가

아마도 당신은 수학이 실제로 게임을 잘하는 데에 도움이 될지에 대해 의문을 가지게 되었을지도 모르겠다. 그에 대한 대답은, 슬프게도, 아니오이다. 이 게임이 수학의 많은 분야를 연구하는 멋진 방법이 됨에도 불구하고, 이것들을 아는 것이 SET을 빨리 찾는 데에 도움이 되는 것은 아마도 아닐 것이다. 하지만 이것들이 SET 실력을 향상시킬 수 없다는 것을 의미하는 것은 아니다. 이번 장에서는 당신의 게임 실력을 향상시킬 수 있는 몇 가지 힌트와 전략을 소개하고자 한다.

I.1 어떻게 하면 SET 을 더 빨리 찾을 수 있는가

SET 게임을 정말로 정말로 많이 하라. 이 게임을 당신의 가족들이나 친구들에게 가르쳐주고 그들과 함께 게임을 하라. SET 앱을 당신의 폰이나 패드에 다운로드 받아라. 온라인 웹사이트
- http://www.setgame.com

에서 게임을 하라. 이 사이트는 게임 회사의 웹사이트이다. 매일 6개 SET을 포함하는 12장의 카드로 구성된 퍼즐을 제공하고, 6개를 모두 찾을 때까지의 시간을 측정한다. 그리고 웹사이트의 두 번째 항목에서는 전체 게임을 할 수 있으며, 우리가 이 책에서 논의한 수학적인 내용도 일부 포함되어 있다.

이것은 정말로 SET을 빨리 찾게 해주는 유일한 방법이다. 게임을 **많이** 하라. 가능하다면 당신보다 더 잘하는 사람과 게임을 많이 하라 당신은 낙담이 될 수도 있겠지만, 정말로 실력이 향상될 수밖에 없다. 당신이 더더욱 많이 게임을 하면, 결국에는 SET들이 당신 눈앞에서 "튀어나오게" 될 것이다. 다시 말하면 어느 순간부터는 더 이상 속성들을 모두 확인하지 않아도 되게 되고, SET들을 그 자체로 찾을 수 있게 된다.

I.2 주어진 카드 배열에 SET이 없다는 것을 어떻게 판단할 수 있을까?

일반적으로 다음 알고리즘은 당신이 SET을 찾는 데에 어려움을 겪을 때마다 유용하게 사용될 수 있다. 이것은 당신으로 하여금 주어진 카드 배열에서 모든 SET을 발견하게 해주기 때문에, 당신이 조심스럽게 이 방법을 따랐으나 SET을 발견하지 못했다면, 당신에게 추가 카드가 필요하다는 것을 의미한다. 이 방법을 할 수 있는 것은 특별히 당신이 SET 앱으로 게임을 할 때 중요한데, 왜냐하면 주어진 카드 배열에서 SET이 있지만 당신이 "SET 없음" 버튼을 실수로 눌렀을 경우 당신의 점수가 깎이기 때문이다.

가장 무식한 방법으로는 모든 한 쌍의 카드들을 살펴보고 그것을 SET으로 만드는 카드가 있는지를 하나씩 확인하는 것이지만, 이것은 대단히 느리고 비효율적이다.[67] 우리의 알고리즘은 속성을 선택해서 머릿속에서 카드들을 속성 표현으로 나누는 것과 관련이 있다.

---

67) 당신이 컴퓨터가 아니라면. 그리고 우리는 컴퓨터가 아니다.

I.2.1 SET이라는 게임

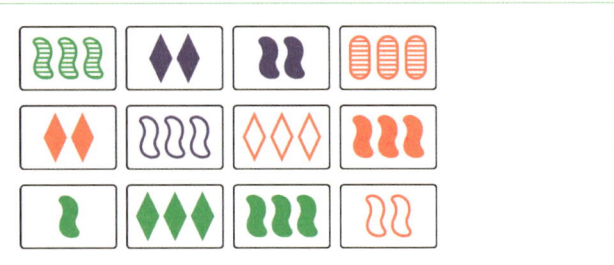

[그림 I.1] 처음 배열된 카드들

세 친구, 사츠모(Satchmo), 엘라(Ella), 테로니우스(Thelonious)[68]가 SET 게임을 하고 있다. 그들은 우리의 알고리즘을 어떻게 사용하는지 시범을 보여주려고 하고 있다. [그림 I.1]을 보고, 그들이 이야기하는 카드들을 따라가 보자.

사츠모 : 이건 정말로 재미있는 게임이야. 그런데 SET이 보이지 않아. 너희들은 어떻니?
엘라 : 헤이, 난 SET을 찾았어.
테로니우스 : 나는 SET을 여러 개 찾았어.
사츠모 : 정말로? 얼마나 있는데?
테로니우스 : 내 생각에는 4개 정도 되는 것 같은데, 우리가 확인해 볼 수 있어.

---

[68] Louis "Satchmo" Armstrong, Ella Fitzgerald, Thelonious Monk는 뛰어난 재즈 연주자들이었다. 그들은 SET을 절대로 해보지 않았을 것이라 매우 확신하지만, 우리는 가정해 볼 수 있지 않은가?

엘라 : 그래, 할 수 있어. 사실 그리 나쁘지 않아. 내가 보니 둥근 모양은 하나뿐이네. 알아채고 있었니?

사츠모 : 흠, 이제 보고 있어. 잠깐만, 그건 정말로 중요한 사실이잖아… 그건 만일 SET이 있다면, 모두 꿈틀이던지 모두 다이아몬드던지, 아니면 그 카드를 포함해야 한다는 사실이잖아.

테로니우스 : 잘 추론했네. 그러니까 다이아몬드부터 점검해보자.

엘라 : 여기에는 4개 다이아몬드가 있고, 그들 중에는 SET이 없네.

사츠모 : 좋아, 그러면 이제 꿈틀이를 확인해보자. 자 봐봐, 속이 찬 꿈틀이 중에서 SET이 있네. 색깔이 모두 다르고, 개수도 달라.

엘라 : 그렇네. 줄무늬 꿈틀이 카드를 포함하고 있는 또 다른 SET이 있어-모두 3개로 구성된 카드들이야. 그걸로 꿈틀이는 다 된 것 같네.

테로니우스 : 이제 둥근 모양 카드를 포함하는 SET이 있는지를 점검해 볼 차례네. 만일 그 카드를 포함하는 SET이 있다면, 여기에는 세 가지 모양이 모두 나와야 해. 이것은 우리가 다른 표현 중 하나인 꿈틀이나 다이아몬드에 대해 점검해야 한다는 뜻이야. 다이아몬드 카드 수가 더 적으니까 여기부터 점검해보자.

사츠모 : 그래, 내가 다이아몬드 카드와 둥근 카드를 짝지어 보았어. '3개 빨강 속이 빈 다이아몬드'가 든 SET을 찾았어. 다른 건 '3개 초록 속이 찬 다이아몬드'도 있었어. 벌써 4개 SET이 나왔네.

엘라 : 그게 전부일 수밖에 없는데, 왜냐하면 우리가 일련의 추론을 했기 때문이야. 모든 것이 잘 맞아떨어져.

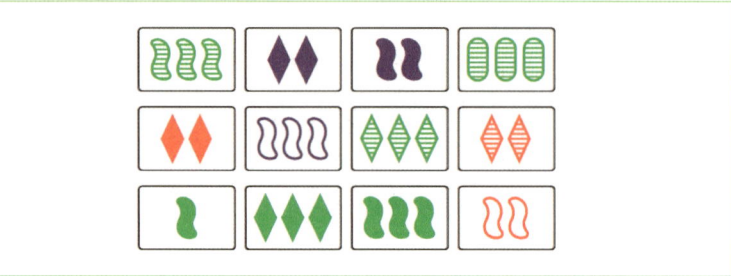

[그림 I.2] 두 번째로 배열된 카드들

하나의 SET(모두 빨간색인 SET)이 선택되어 교체되었다. [그림 I.2]를 보자.

사츠모 : 그래, 이제 내가 무엇을 찾아야 하는지 알고 있는데, 이번에도 둥근 모양이 이전과 다른 색깔로 하나만 나왔네.

엘라 : 맞아, 하지만 우리는 이전에 모양을 사용했었지. 이번에는 다른 속성을 고려해보자. 개수를 보면 한 장의 카드만이 하나의 기호를 가지고 있어.

테로니우스 : 맞아, 2개 기호가 다섯 장 있고, 3개 기호는 여섯 장 있네.

사츠모 : 내가 먼저 2개 기호를 확인해볼게. 2개 기호 중에는 SET이 보이지 않아.

엘라 : 나도 그래. 그런데 3개 기호를 살펴보니까 SET이 하나 있어.

테로니우스 : 정확해. 3개 기호는 쉬운데, 왜냐하면 빨간 색이 없고 하나의 보라색만 있기 때문에 모두 초록색이어야 하거든. 모두 3개 초록 줄무늬 카드들이네.

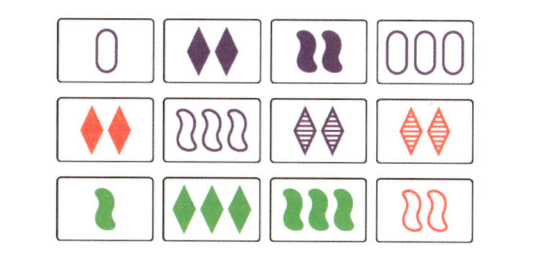

[그림 I.3] 세 번째로 배열된 카드들

사츠모 : 이제 1개 기호가 있는 카드를 공략해야 하네. 2개 기호 카드 수가 적으니까 이것을 먼저 확인해보자. 방금 모든 2개 기호 카드를 확인해 보았는데, SET을 이루는 것이 하나도 없었어.

엘라 : 나도 똑같은 결과를 얻었어. 그러면 유일한 SET는 초록색인 것이구나. 이제 꺼내자.

초록색 SET을 꺼냈고 새로운 카드로 교체되었다. [그림 I.3]을 보자.

테로니우스 : 이번에는 줄무늬 카드가 2개만 있네.
사츠모 : 이 카드들은 SET을 이룰 수 없어. 그러니까 속이 찬 카드나 속이 빈 카드를 확인해보자.
엘라 : 속이 빈 카드들에도 없고, 속이 찬 카드들에도 없어.
사츠모 : 어떻게 그렇게 빨리 확인한 거야? 속이 찬 카드는 여섯 장이나 있잖아.
엘라 : 그래, 하지만 우리가 하나의 속성으로 제한하고 나면 알고리즘을 더욱 더 작은 수준에서도 적용할 수 있어. 만일 모두 속이 찬 카드를 본다면, 모든 2개 모양 카드가 보라나 빨강인데, 모든 1개나 3개 카

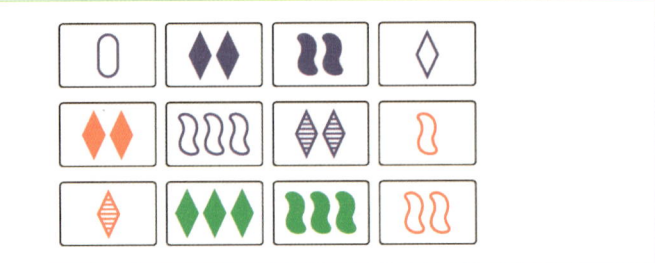

[그림 I.4] 네 번째 배열된 카드들

드들은 모두 초록이야. 그러니까 1-2-3 SET은 여기에 없어. 만일 속이 찬 것 중에 SET이 있다면, 같은 개수를 가져야 하는데, 그런 경우가 없거든.

사츠모 : 알겠다. 일단 이해하면 굉장히 빨라지는구나.

테로니우스 : 그래. 이제 줄무늬 카드와 속이 빈 카드를 하나씩 비교해야 하네. 줄무늬 보라 카드에는 SET이 없어.

엘라 : 나도 방금 줄무늬 빨강 카드를 확인했는데, 그 카드를 포함하는 SET을 2개 찾았어.

사츠모 : 어디에서 나온 거야! 어떻게 지금까지 아무도 찾지 못했던 거지?

테로니우스 : 가끔씩 특정 카드들을 너무 오래 보고 있으면, 그 카드들을 포함하는 다양한 SET에 대해 SET-장님이 되기도 해.

엘라 : "SET-장님"?

테로니우스 : 그건 내가 방금 이 게임을 하면서 만들어낸 용어야.

사츠모 : 아주 마음에 드는데!

엘라 : 나도 그래. 어떻든 SET 하나를 꺼내자.

한 상의 SET이 꺼내졌고, 새로운 카드들로 교체되었다. [그림 I.4]를 보자.

    사츠모 : 이번에는 색깔을 보자. 초록색 카드가 두 장 뿐이네.
    테로니우스 : 좋아. 분명하게 초록색 SET은 없구나. 네 장의 빨간 카드가 있는데, 여기에서도 SET이 보이지 않아.
    엘라 : 이제 보라색을 확인하자. 개수가 많기는 하지만 모든 2개 기호 보라 카드는 속이 찼거나 줄무늬이고, 모든 1개나 3개 기호 카드들은 속이 비었어. 이것은 보라색 카드 중에 SET이 있다면 1-2-3은 될 수 없다는 뜻이야. 그러므로 각각의 수를 확인해 보자.
    사츠모 : 그래, 이제 하나의 속성으로 제한한다는 것이 무슨 뜻인지 이제 알 것 같아. 이것이 문제를 쉽게 만드는데, 왜냐하면 1개나 3개 보라 카드가 SET을 만들기에 충분치 않기 때문이야. 저기에 2개 보라 카드가 세 장이 있지만, 이것들은 SET을 이루지 않아. 그러므로 보라 카드에는 SET이 없어!
    테로니우스 : 마지막으로, 우리는 색이 모두 다른 SET을 확인해 봐야 해. 초록 카드와 빨강 카드들을 각각 쌍으로 만들어서 SET을 이룰 수 있는지 확인할 필요가 있어.
    엘라 : 나는 초록 다이아몬드 카드랑은 전혀 찾지 못하겠어.
    사츠모 : 나도 초록 꿈틀이 카드랑은 전혀 찾지 못하겠어.
    테로니우스 : 공식적으로 여기에는 SET이 없다는 것을 선포할게.
    사츠모 : 그러면 카드를 더 배열하자.
    엘라 : 그렇게 하고 싶은데, 카드가 다 떨어졌어.[69]

---

[69] (역자주) 게임 마지막에 남은 모든 카드들은 좌표의 합이 (0,0,0,0)이

사츠모 : 휴! 이제 알고리즘이 있어서인지 게임이 이전보다 훨씬 빨리 끝났네.

테로니우스 : 알고리즘을 알고 있다면 인생의 많은 문제들을 빨리 해결할 수 있어. 하지만 너희는 이걸 이미 알고 있었는데, 왜냐하면 너희들은 음악가이기 때문이야! 내가 항상 말했듯이 "모든 음악가들은 무의식적으로 수학자들이다."

엘라 : 그런데 그가 정말로 이런 이야기를 했었어. 찾아보렴!

사츠모 : 멋진걸! 그것은 내가 수학자이고, 너희들도 그렇다는 뜻이잖아.[70]

정말로, 그들이 옳다. [그림 I.4]의 12장의 카드 배열은 SET이 하나도 없는 예 중의 하나이다. (그리고 음악가들이 무의식적으로 수학자들이라는 말도 옳다. 하지만 걱정하지 말라. 당신이 음악가가 아니더라도 당신은 여전히 수학자가 될 수 있다.)

그들이 각각의 카드 배열에서 SET이 있는지를 확인하기 위해 체계적으로 사고했던 방법은 당신이 게임을 할 때 언제라도 사용할 수 있는 알고리즘이고, 모든 카드들의 쌍을 비교하는 것보다 훨씬 더 빠른 방법이다. 이것은 특별히 속성의 한 표현이 빠졌거나 거의 빠졌을 경우에 더욱 유용하다. 예를 들어 빨간 카드가 없거나, 하나

되어야 하기 때문에, [그림 I.4]는 게임 마지막에 남은 카드들이 될 수 없다. 저자들이 실수한 것으로 보이는데, [그림 I.4]는 알고리즘을 설명하려는 목적으로 제시된 것이므로, 이와 관련 없는 사소한 오류는 넘어가자.

70) 이것은 루이 암스트롱(Louis Armstrong)이 그의 동료 음악가들에게 하는 말일 수도 있고, 책의 독자들인 당신에게 하는 말일 수도 있다. 어느 쪽인지는 독자의 해석에 맡긴다.

의 꿈틀이가 있기나, 개수가 3개인 카드가 단지 두 장만 있다면, 게임이 갑자기 쉬워지게 된다.

이 방법은 당신이 SET을 한동안 찾아보고 그 배열에 더 이상 SET이 없다는 것을 확신하고 싶을 때 가장 유용하다. SET 게임을 진행하는 동안 속성 중에 나오지 않은 표현이나 오직 한 두 장의 카드에만 나온 것을 찾아보자- 이렇게 하는 것이 SET이 나올 수 있는 가능성을 빠르게 좁혀준다.

알고리즘

우리는 이 방법을 하나씩 따라가며 수행할 수 있도록 정돈된 형태로 제시하며 마무리하고자 한다.

1. 하나의 속성(개수, 색깔, 무늬, 모양)을 골라라. 당신이 속성 중에서 표현이 적게 나온 것을 선호해서 고르는 것이 더 좋다.
2. 마음속으로 (아니면 가능하다면 물리적으로) 카드들을 그 속성의 다른 표현들로 나누어라. 예를 들어 색깔을 골랐다면, 세 그룹으로 나누어라: 빨간 카드들끼리 모으고, 초록 카드들끼리 모으고, 보라 카드들끼리 모으라.
3. 각각의 그룹에서 SET이 있는지를 확인하여라.[71] 이것은 당신

---

[71] 이 시점에서 만일 하나의 그룹에 여섯 장 이상의 카드가 있다면, (엘라가 했듯이) 그 그룹의 카드들에서 다른 한 속성을 정해서 알고리즘을 다시 적용할 수 있으며, 이렇게 함으로써 이 과정의 속도를 높일 수 있다.

이 고른 속성이 모두 같은 **SET**을 찾을 수 있도록 한다.
4. 마지막으로, 어떤 그룹이 가장 작은 수의 카드를 가졌는지 확인하고, 그 그룹의 각각의 카드에 대해 다음으로 작은 수의 카드를 가지고 있는 그룹과 하나씩 비교를 한다. 이것은 당신이 고른 속성이 모두 다른 **SET**을 찾는 가장 빠른 방법이다.
5. **SET**을 찾지 못하였나? 그렇다면 확신을 가지고 세 장의 카드를 추가로 배열하면 되는데, 만일 새로 배열한 15장의 카드에 **SET**이 있다면, 그것은 새로 배열했던 카드를 반드시 포함해야 한다.

I.3 서로 수준이 다른 사람들끼리 더 공정하게 게임을 하는 방법

우리는 SET 게임을 정말로 많이 했다. 우리는 게임을 아주 잘한다. 그렇다면 초보자와 함께 게임을 할 때 어떻게 하면 게임이 여전히 재미있도록 할 수 있을까? 우리의 친구 캐롤라인 천(Carolyn Chun)[72]은 우리에게 게임을 하는 여러 가지 방식을 제안해 주었으며, 여기에서 우리가 일부를 소개한다.

1. **SET**을 찾은 후 당신이 카드를 가져가기 전까지 10(혹은 20이나 30까지, 무엇이 가장 적합한지 실험해보자)을 세어라. 당신은 크게 소리를 내어 수를 세어 상대방으로 하여금 SET이 테이블에 있다는 것을 알게 할 수도 있고, 이것이 상대방을 혼란스럽게 한다면 머릿속으로 수를 셀 수도 있다.

---

[72] 그녀도 역시 SET을 아주 잘한다.

2. 당신이 SET을 하나 가져가기 전에 반드시 서로소인(즉 카드를 공유하지 않는) 2개 SET을 찾아야 한다. 이것은 당신의 속도를 줄일 것이고, 당신이 SET을 가져갈 때 마다 상대로 하여금 또 다른 SET이 테이블에 있다는 것을 알려줄 것이다. (당신은 서로소가 아닌 SET을 가져갈 수 있도록 게임을 변형할 수도 있으며, 이것이 당신에게는 더 쉬울 것이다. 하지만 이것은 상대방이 SET을 발견하는 기회를 빼앗는 것이기도 하다.)
3. 초보자가 게임을 시작할 때 카드 배열에서 한 장의 카드를 뽑는다. 전문가는 그 카드가 포함된 SET은 뽑을 수 없다. 초보자가 그 카드를 이용해서 SET을 발견하면 보너스 점수를 얻고, 그것을 새로운 카드로 교체한다. (이것은 다음 절인 다른 방식으로 게임을 하는 방법에서 (6)번에 등장하는 "카드를 뽑아라"를 변형한 것이다.)
4. 당신이 평상시와 다른 각도로 카드를 보거나, 다른 사람들보다 멀리 떨어져서 앉아라.
5. 당신만의 핸디캡을 만들어라. 아마도 당신이 SET을 찾을 때마다 노래를 부르거나 춤을 추거나 다른 바보 같은 행동을 하고 가져갈 수도 있다. 아마도 당신은 초록 카드만 사용할 수도 있을 것이다. 아마도 당신은 "SET!"이라는 단어를 사용하지 못할 수도 있다. 당신의 게임 속도를 늦추어 초보자가 당신을 따라잡을 수 있는 기회를 제공하게 하는 수많은 방법이 존재한다.

> 보드게임 SET에
> 담긴 수학 1

I.4 다른 방식으로 게임을 하는 방법

SET 게임이 오랫동안 널리 사용되는 동안, 사람들은 게임을 새로운 방식으로 하는 방법들을 개발하였다. 이것들은 보통의 SET 게임에서 휴식을 취하는 좋은 방법이 되고, 어떤 방법들은 당신을 더 좋은 플레이어로 만들어 줄 것이다.

1. **마지막 카드 게임.** 우리는 1장에서 마지막 카드 게임을 소개했었고, 4장에서 왜 이것이 성립하는지에 대해 설명하였다. 당신이 기억하듯이, 이것은 SET 게임을 시작할 때 한 장의 카드를 숨기고, 게임 끝에 남은 카드들을 보고 숨긴 카드를 결정하는 것이다. 마지막 카드 게임이 대단한 것은, 이것이 평범한 게임 끝에 발생하기 때문에, SET 게임을 할 때 마다 항상 할 수 있다는 것이다. 정말로 재미있는 것은 실제 카드를 보기 전에 먼저 카드를 찾을 수 있다는 점이다. 당신이 보는 카드들에서 SET을 찾는 것보다 이것이 더 어렵기 때문에, 상대적으로 보통의 게임이 쉬워 보이게 될 것이다. 사실 우리 저자들은 각자의 사람들이 얼마나 많은 SET을 가져갔는지를 더 이상 생각하지 않는다. 우리는 단지 마지막 카드 게임만 할 뿐이다.[73] 이제는 온라인 버전도 있는데, http://www.bluffton.edu/homepages/facstaff/nesterd/java/setendgame.html에서 할 수 있다.

2. **교차SET.** 당신이 모험적이라면, 카드를 보통과 같이 배열한 후 SET 대신 교차SET을 찾을 수도 있다. 우리가 2장에서 본 바와 같이 12장의 카드에서 교차SET의 기댓값(평균값)은 19

---

[73] 그 이유 중 하나는, 우리는 게임을 누가 이길지 거의 확실히 알기 때문이다.

장 정도가 된다.[74] 그러므로, 보통의 게임과 달리, 여기에서는 더 많은 카드를 배열할 가능성에 대해 걱정할 필요가 없다. 당신은 아주 많은 교차SET을 발견할 것을 기대하면 된다. (이것이 그것들을 찾는 것이 쉽다는 것을 의미하는 것은 아니다. 사실, 이것은 진정한 패턴 인식이 아니기 때문에 보통의 SET을 찾는 것보다 훨씬 더 어렵다.) 당신은 "교차SET" 게임을 평상시처럼 교차SET을 찾을 때 마다 꺼내고 새로운 카드로 채우는 방식으로 진행할 수도 있고, 혹은 12장의 카드가 주어졌을 때 주어진 시간 안에 얼마나 많이 찾는지를 확인하는 방식으로 진행할 수도 있다. 삼중 교차SET이나 다중 교차SET에는 보너스 점수를 부여할 수도 있다.

3. **SET-행성(Planet)-혜성(Comet).** 당신이 더욱 모험적이라면 수학자 그룹이 만든 버전을 해볼 수도 있는데, 아홉 장의 카드가 배열되고 난 후 게임 참가자들은 SET이나 행성이나 혜성을 찾는다.[75] 그들은 행성을 평면에 있는 네 장의 카드로 정의하였으며, (그러므로 교차SET이나 SET에 하나의 카드가 추가된 것이지만, 교차SET만을 생각하는 것이 더 재미있는데, 왜냐하면 SET에 한 카드를 추가한 것은 단순히 SET을 하나 뽑는 것과 거의 같기 때문이다) 그들은 혜성을 좌표의 합이 0이 되는 아홉 장의 카드로 정의하였는데, 즉 하나의 속성만 가진 SET들로 쪼개질 수 있는 아홉 장의 카드를 의미한다. (그들의 연구가 우리와 독립적으로 진행되었기 때문에, 수학에서 흔히 일어나듯이 서로 다른

---

74) 사실, 우리는 값이 대략 18.8임을 보았다. 하지만 우리는 0.8개 교차SET이 무엇인지 알지 못하기 때문에, 반올림하였다.

75) M. Baker et al., "Sets, planets, and comets," **College Mathematics Journal 44**, no.4 (September 2013), 258-264. 이 책 3장의 질문 8에서 이 논문에 대한 더 많은 정보를 찾을 수 있다.

용어를 사용하게 되었다.) 이 버전의 깔끔한 측면은 더 이상 카드를 추가하지 않아도 된다는 점인데, 왜냐하면 9장의 카드에는 반드시 SET이나 행성이나 혜성이 포함되어 있다는 것이 증명되어 있기 때문이다. 하지만 당신이 SET이 아닌 것을 꺼냈다면, 그 이후로는 더 이상 마지막 카드 게임을 진행할 수 없게 된다.

4. **카드 모두 없애기.** 이것을 하는 한 가지 방법은 평범하게 게임을 진행하여 아무런 카드도 남지 않게 하는 것인데, 이러한 일은 거의 일어나지 않는다. 만일 평범하게 게임을 하였고 카드들이 남았다면, 당신이 할 수 있는 한 가지 방법은 당신이 가진 SET 무더기를 가져와서 다시 새롭게 배열하여 남은 카드들을 모두 사용할 수 있도록 한다. 만일 당신이 다른 사람과 함께 게임을 하고 있었다면, 각자 가진 SET 무더기를 쪼갠 후 자신의 차례에 SET을 하나 골라 남은 카드들 옆에 놔두고 다른 SET을 찾는다. 만일 새로운 SET이 발견되지 않으면 그 카드들을 꺼내고 다른 새로운 SET을 남은 카드 옆에 배열하고, 만일 새로운 SET이 발견되면 그것들을 대신 가져간다. 이러한 과정은 한동안 계속될 것인데, 당신이 잘 찾아보면 언젠가는 전체 카드를 없애는 방법을 알아내게 될 것이다.

5. **다섯 가지 속성 SET.** 이전에 언급한 바와 같이 SET 카드 묶음을 3개 가져와서 하나의 묶음에는 배경을 그리고 다른 한 묶음에도 다른 배경을 그릴 수 있다. 우리가 이것을 했을 때, 우리는 하나의 묶음에는 카드를 가로지르는 두꺼운 대각선을 그렸고(대각선이 속성을 가리지 않도록, 대각선이 속성 그림들 "아래로" 지나도록 하였다), 다른 묶음에는 다른 방향의 대각선을 그렸었다. 하나의 묶음에는 변형을 가하지 않았다. 이것들을 모두 모아 다섯 가지 속성을 가진 SET 게임[76]을 할 수 있었다. 당신에게 두통이 생기

기 전까지 게임을 해보고, 두통이 생기면 평범한 SET 게임으로 돌아오라. 상대적으로 평범한 게임이 얼마나 쉬운지를 알게 되어 놀랄 것이다.

6. **카드를 뽑는다. 어떤 카드?** 각각의 참가자가 테이블 위에서 한 장의 카드를 고른다. 참가자는 다른 사람의 카드를 이용해서는 SET을 만들 수 없고, 자신의 카드와 SET을 만들면 (새로운 카드를 고르고) 보너스 점수를 얻는다. 이것은 참가자들로 하여금 주어진 배열에서 어떤 카드가 SET이 가장 잘될 것 같다는 직관을 키워주는 데에 도움이 된다. (고마워요, Carolyn Chun!)

7. **혼자하는 SET.** 물론 당신은 원래의 방식으로 혼자서 게임을 할 수 있다. 하지만 약간의 변형도 재미있다. 우리는 이 변형을 Alexa Kottmeyer[77]에게 배웠다. 아홉 장의 카드를 세 장씩 그룹으로 나누어 놓는다. SET을 각각의 그룹에서 한 장씩만 골라서 만들어 볼 수도 있다.

8. **SET을 가지던지, 그냥 두던지, 퍼코셋.**[78] 이 버전의 게임은 아직 존재하지 않는다. 매력적인 제목이지만, 우리는 아직 제목에 어울리는 규칙들을 생각해 보지 않았다. 당신이 해보지 않겠는가?

9. SET을 만든 회사에서는 다른 규칙으로 진행하는 게임을 홈페이지 https://www.playmonster.com/set-teachers-corner/에서 소개하고 있다. 여기에는 우리가 만든 마지막 카드 게임도 포함되어 있어서 아주 좋다.

10. 당신 스스로의 버전을 만들어 보자. 가능성은 무한대이다.

---

76) 이 게임은 악마의 SET 게임이라 불린다고 들었다. 적절한 이름이다.
77) 그녀도 SET을 매우 잘한다는 사실에 이제는 당신이 놀라지 않을 것이다.
78) (역자주) 퍼코셋(Percocet)은 미국에서 널리 처방되는 진통제이다.

I.5 어떻게 상대방의 게임을 방해할 수 있는가

우리는 상대방을 이기지 못하게 하는 (다소 우스운) 최후의 수단을 소개하고자 한다. 이렇게 하는 데에는 여러 가지 방법이 있다.

1. 당신이 카드 주위에 앉아 있는 동안, 손을 당신과 가까이 있는 카드들 위로 휘저어라. 이것은 상대방으로 하여금 소심하게 하고 특정한 카드들을 보지 못하게 방해할 것이다.
2. 다음 방법은 당신이 카드를 배열하는 사람일 때 사용할 수 있다. 카드를 배열할 때 최대한 천천히 배열하면서 다른 사람들이 보기 전에 카드를 훔쳐본다. 당신이 카드를 제일 먼저 볼 수 있다면 SET도 가장 처음으로 찾을 수 있을 것이다.
3. 당신이 SET을 찾지 못했어도 찾은 척하라. 당신은 이 방법을 쓸 때 특별히 조심해야 하는데, 당신이 "SET!"을 외치고 카드를 찾지 못하면 어떤 참가자들은 점수를 깎아야 한다고 주장할 것이기 때문이다. 그러므로 정말로 "SET!"을 외치지 않도록 해야 한다― 갑자기 카드들로 가까이 갔다가 급하게 당신의 마음을 바꾸어야 한다. 이것은 다른 참가자들을 놀래고 귀찮게 할 것이지만, 당신은 이것을 한 두 번만 할 수 있을 것인데, 왜냐하면 그들은 당신의 속임 동작에 빠르게 무뎌질 것이기 때문이다.
4. 다른 사람이 "SET!"을 외칠 때를 기다린다. 누군가 외칠 때 더 큰 소리로 "SET!"을 외친다. 사람들은 종종 큰 소리를 낸 사람이 먼저 외쳤다고 생각한다. 운이 좋다면 SET을 정말로 찾은 사람이 카드를 가져가기 시작했을 수도 있고, 적어도 SET이 어디에 있는지 손으로 대략 가리키고 있을 것이기 때문에, 당신은 쉽게 훔칠 수 있을 것이다. 하지만 만일 당신이 찾지 못했다면, 사람들이

[그림 I.5] SET을 찾고 있는 고양이들

당신이 정말로 찾은 것인지를 의심하기 시작하기 전까지 대략 3초 동안 미친 듯이 SET을 찾아보아야 할 것이다.[79]

5. 고약한 소음을 내거나 고약한 노래를 불러라. 이것은 당신에게 재미있기도 하면서 상대방을 크게 괴롭게 해서 카드를 찾는 데 방해가 될 것이다.
6. 방에 있는 재미있는 물건을 손가락으로 가리켜서 상대방의 주의를 혼란시킨다. 그들이 당신이 가리키는 것을 보았을 때 상대방의 카드 묶음에서 SET을 훔치고 "오, 내 생각에 아무것도 아니었네. 그리고 나는 당신의 SET을 절대로 훔치지 않았어요"라고 말하라.
7. 당신이 게임을 할 때 [그림 I.5]와 같이 고양이를 풀어놓으라. 바닥에 놓인 카드들 주위로 앉아있는 사람들에게는 집고양이만큼 주위를 분산시키는 것은 없다. 당신의 고양이는 아마도, 모든 사람들이 주위가 집중되었다는 것을 알아챘을 때 카드 위에 와서 드러누워 (누군가가 고양이를 움직이게 "권할" 때까지) 모든 사람들의 관심을 끌 것이다. 이것은 당신이 카드들을 보는 것을 방해하겠지만, 좋은 소식은 다른 사람들도 카

---

[79] 이 기술은 아마도 사람들에게 싸움을 일으킬 가능성이 가장 높다.

드 보는 것을 방해받는다는 것이다.
8. 마지막으로, 모든 방법이 실패한다면, 그리고 참가자들이 당신의 우스꽝스러운 행동들을 더 이상 참지 않기로 결정했다면, TV를 켜라. 우리는 텔레비전을 켜는 것이 모든 창의적인 생각을 가로막는 아주 훌륭한 방법임을 발견하였다. 그러면, 사람들이 TV를 보는 동안, SET을 찾든지 아니면 다른 사람의 SET을 훔쳐라. 축하한다, 당신은 이제 SET 챔피언이 되었다.

당신이 보듯이 당신의 게임 실력을 향상하게 만드는 아주 많은 방법이 존재한다. 하지만 최고의 방법은 가서 SET 게임을 하는 것이다! 그리고 휴식을 취하고 싶을 때는, 게임에 담긴 수학 내용을 읽는 것이다. 우리는 이 책을 권한다.

2권에는 어떤 내용이 나오는가? 2권에서는 이전에 다루었던 수학적 개념들을 더욱 깊고 높은 수준으로 탐구한다. 하지만 낙심할 필요는 없다. 당신은 원하는 만큼 원하는 부분에 시간을 들일 수도 있고, 일부는 뛰어넘어도 괜찮다. 어쨌든 이것은 당신의 책이기 때문이다.

(1권 끝)

1~5장
연습문제 풀이

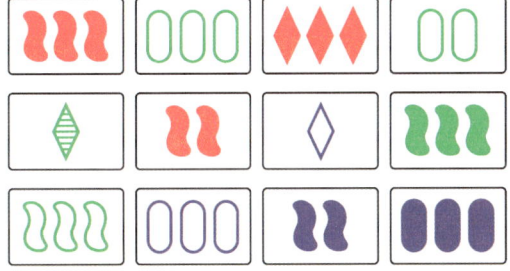

보드게임 SET에 담긴 수학 ①

1장

1.1. 1 Green Empty Diamond (1개 초록 속이 빈 다이아몬드)
1 GOD(1 Green Empty Diamond)

1.2. 성립한다!

1.3. 정답은 [그림 S.1]이다.

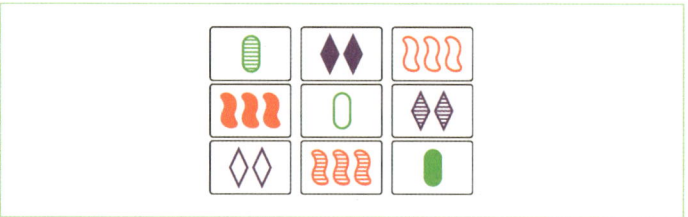

[그림 S.1] 연습문제 1.3 해답

1.4. [그림 S.2]에 있는 12장의 카드들이 만드는 SET의 개수를 세어라.

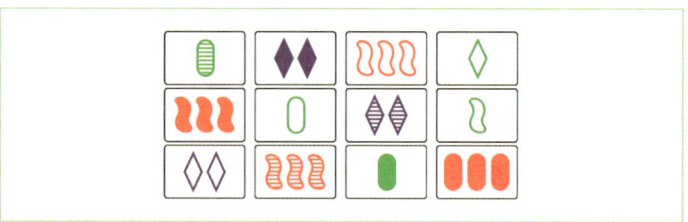

[그림 S.2] 연습문제 1.4 해답

1.5. $27 \times 26/6 = 117$. 먼저 첫 번째 카드를 고른 후, 두 번째 카드를 고르면 SET이 결정된다. 하지만 똑같은 SET을 고르는 수만큼 중복해서 개수를 셌으므로 적절한 수로 나누어야 한다.

1.6.
a. [그림 S.3]을 보자. 당신은 이와 다른 사다리도 찾을 수 있을 것이다.

b. $3 \times 4 \times 2 = 24$. 먼저 변하지 않는 카드를 하나 고른 후, 바꿀 속성을 선택한 후, 두 장의 카드가 가진 속성 중에서 어떤 속성으로 변형시킬지 결정한다.

c. 8. 4가지의 속성이 모두 다른 2개 SET을 고르는데, 첫 번째 SET의 각 카드가 순서대로 두 번째 SET의 각 카드와 모든 속성이 다르도록 고른다. 사다리의 각각의 단계에서 한 장의 카드가 고정되어 있기 때문에, 세 번째 카드를 고정시킨 상태에서 첫 번째 SET의 첫 번째 카드를 두 번째 SET의 첫 번째 카드의 옮기는 데에는 네 단계가 필요하다. 이제 첫 번째 SET의 두 번째 카드를 두 번째 SET의 두 번째 카드를 옮기는 데에 또 다른 네 단계가 필요하다. 예는 [그림 S.4]에 있다.

d. 당신이 규칙을 만들었기 때문에, 오직 당신만이 답을 할 수 있다.

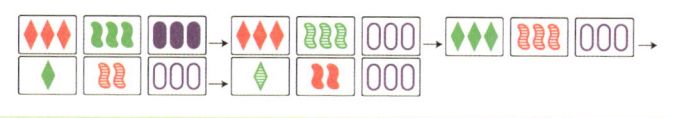

[그림 S.3] 연습문제 1.6(a) 해답. 가능한 답은 여러 개가 있음

[그림 S.4] 연습문제 1.6(c) 해답.

1.7.
   a. 개수와 모양이 잘못되었다.
   b. (2, 0, 0, 1), (0, 2, 1, 1), (2, 1, 2, 0).
   c. 합은 (1, 0, 0, 2)이다. 0이 아닌 좌표는 처음과 마지막인데, 각각은 개수와 모양에 대응하며, 이 속성들이 잘못된 것이다!
   d. 우리 생각으로는 초보자만이 두 속성이 다른 것을 실수로 고를 것 같다. 그리고 잘못된 모양의 카드가 속이 찬 것이기 때문에, 실수할 가능성은 더욱 낮을 것 같다.

1.8.
   a. A = '2개 초록 속이 빈 둥근 모양', D = '1개 초록 속이 빈 꿈틀이.' 이 둘은 2가지의 속성이 다르다.
   b. B = '3개 빨강 줄무늬 둥근 모양', E = '2개 빨강 줄무늬 꿈틀이.' 이 둘은 2가지의 속성이 다르다. C = '2개 보라 속이 찬 다이아몬드', F = '1개 보라 속이 찬 둥근 모양.'
   c.
      • 참이다. 새로운 카드들은 잘못된 속성들을 교정하기 때문이다.
      • 거짓이다. 처음 시작한 카드가 **SET**이 아니었기 때문이다.

2장

2.1. **a.** 3(무늬)×3(개수)×3(모양) = 27 빨강 카드.

b. 첫 카드 선택에 27가지 경우, 두 번째에 26가지, 각각의 SET은 6번 중복되어 세었으므로 $\frac{27 \times 26}{6} = 117$.

c. 주어진 빨간 카드에 대해, 쌍을 이룰 수 있는 카드가 총 26개가 있다. 이러한 세기에는 모든 SET이 두 번씩 세어지기 때문에, 총 13개 SET이 있다.

d. 원래의 세기에서 사용했던 같은 원리에 의하면, 우리는 수, 무늬, 모양을 좌표로 얻게 된다. (개, 무, 모). 우리는 세 가지 속성을 가지고 있고 27장의 카드가 있으므로 다음 결과를 얻는다.

- 모든 속성이 다른 경우 : $\frac{27 \times (2 \times 2 \times 2)}{6} = 36$.

- 하나는 같고 둘이 다른 경우 :

$$\frac{27 \times (1 \times 2 \times 2) \times \binom{3}{1}}{6} = 54$$

- 둘은 같고 하나가 다른 경우 :

$$\frac{27 \times (1 \times 1 \times 2) \times \binom{3}{2}}{6} = 27$$

e. 빨간 교차SET: $\binom{13}{2} \times 27 = 2106$.

f. 주어진 카드를 포함하는 빨간 교차SET:
$\binom{13}{2} \times 27 \times 4 = 27 \times x$이므로 $x = 312$

g. 빨간 평면: 이전과 같지만 27장의 카드이므로,

$$\frac{27 \times 26 \times 24}{9 \times 8 \times 6} = 39.$$

h. 인접 계산: $39 \times 9 = 27 \times x$ 로부터 $x = 13$.

2.2. a. $3 \times 3 \times 3 \times 3 \times 3 = 243$.

b. 이전과 같이: $\frac{243 \times 242}{6} = 9801$.

c. 원래의 세기에서 사용했던 같은 원리에 의하면, 우리는 개수, 색깔, 무늬, 모양, 감정을 좌표로 얻게 된다. (개, 색, 무, 모, 감). 우리는 세 가지 속성을 가지고 있고 243장의 카드가 있으므로 다음 결과를 얻는다.

• 모든 속성이 다른 경우:

$$\frac{243 \times (2 \times 2 \times 2 \times 2 \times 2)}{6} = 1296$$

• 한 속성이 같고 4개가 다른 경우

$$\frac{243 \times (1 \times 2 \times 2 \times 2 \times 2) \times \binom{5}{1}}{6} = 3240$$

• 두 속성이 같고 3개가 다른 경우

$$\frac{243 \times (1 \times 1 \times 2 \times 2 \times 2) \times \binom{5}{2}}{6} = 2430.$$

• 세 속성이 같고 2개가 다른 경우

$$\frac{243 \times (1 \times 1 \times 1 \times 2 \times 2) \times \binom{5}{3}}{6} = 1620.$$

• 네 속성이 같고 1개가 다른 경우

$$\frac{243 \times (1 \times 1 \times 1 \times 1 \times 2) \times \binom{5}{4}}{6} = 405.$$

d. 주어진 카드에, 쌍을 이루는 242개 카드가 있다. 이 세기에는 모든 SET이 두 번 세어졌으므로, 정답은 121이다.

e. 교차SET: $\binom{121}{2} \times 243 = 1764180$.

f. 평면: 전과 같지만 카드가 243장이므로,
$$\frac{243 \times 242 \times 240}{9 \times 8 \times 6} = 32670.$$

2.3. a. $4 \times 4 \times 4 \times 4 = 256$.

b. '1개 속이 빈 빨강 둥근 모양' 카드와 '2개 줄무늬 초록 꿈틀이' 카드를 고르자. 그러면 우리는 SET을 두 가지 이상의 방법으로 만들 수 있다. 예를 들면 '3개 체크무늬 보라 다이아몬드' 카드와 '4개 속이 찬 브라운 직사각형' 카드를 추가하여 SET을 만들 수도 있지만, '3개 속이 찬 보라 직사각형' 카드와 '4개 체크무늬 브라운 다이아몬드' 카드를 추가해도 된다.

2.4. 네 장의 카드 중 어느 세 장도 SET을 이루지 않는다는 사실에 주목하여, 이들을 포함하는 평면을 생각한다. 여기에는 다섯 장의 카드가 추가되는데, 추가되는 카드들은 처음 주어진 카드들로 만드는 SET에 포함되게 된다. 두 장의 카드끼리 짝지은 것은 총 여섯 쌍 존재하기 때문에, 오직 한 장의 카드만이 두 쌍의 SET을 만들게 된다.

2.5. 주어진 카드를 포함하는 평면의 개수: $1170 \times 9 = 81 \times x$이 므로 $x = 130$.

2.6. 주어진 SET을 포함하는 평면의 개수: $1170 \times 23 = 1080 \times x$ 이므로 $x = 13$.

3장

3.1. **a.** 세 장의 카드가 SET을 이루지 않을 확률은 $\frac{78}{79}$이다.

b. 남아있는 78장의 카드에서 세 장의 카드는 뽑을 수 없으므로, 75가지 가능성이 있다. 그러므로 ABD, ACD, BCD가 SET이 아닐 확률은 $\frac{75}{78}$이다.

c. 네 장의 카드가 SET을 이루지 않을 확률은 $\frac{78}{79} \times \frac{75}{78} = \frac{75}{79}$이다.

3.2. 여섯 장의 카드에 SET이 없는 경우. 힌트를 따라 하면 된다.
- 하나의 SET만 포함된 경우: SET을 뽑는 경우가 1080개이고, 다른 세 장의 카드를 뽑는 경우의 수는 $\frac{78 \times 75 \times 69}{6}$이다. 그러므로 총 개수는 $\frac{1080 \times 78 \times 7 \times 69}{6} = 72657000$가지이다.

- 2개 SET만 포함된 경우:
  - 두 SET에 공통 카드가 없는 경우: 총 $1080 \times (1080 - 118) = 1038960$가지 경우가 있다.
  - 두 SET이 교차SET인 경우: 중심 카드로 81개를 뽑을 수 있고, 2개 SET으로 $\binom{40}{2}$가지를 뽑을 수 있다.

  마지막으로 마지막 카드를 72가지 뽑을 수 있으므로, 전체 경우의 수는 4548960이다.

- 3개 SET만을 포함하는 경우: 여섯 장의 카드가 A, B, C, D, E, F였다면, SET은 ABC, CDE, AEF가 되어야 한다. 세 장의 카드 A, C, E를 결정하는 경우의 수는 $\binom{81}{3} - 1080$가지이고, 이로부터 나머지 카드들은 유일하게 결정된다. 이 경우의 수는 84240가지이다.

위의 경우들을 모두 더하면 여섯 장의 카드 중에서 총 배제해야 하는 78329160가지 경우가 나온다. 그러므로 여섯 장의 카드 중에서 SET이 하나도 없을 확률은

$$\frac{\binom{81}{6} - 78329160}{\binom{81}{6}} \approx 75.86\%$$

이다.

3.3. **a.** 삼중 교차SET은 교차SET을 포함한다. 연습문제 2.4로부터 중심 카드는 유일함을 알고 있다.

b. 한 장의 카드를 뽑는 경우의 수는 81가지이고, 이 카드를 포함하는 3개 SET을 뽑는 경우의 수는 $\binom{40}{3}$이다. 그러므로 총 800280개 삼중 교차SET이 존재한다. 임의로 뽑은 6장의 카드가 삼중 교차SET이 될 확률을 구하려면

$\binom{81}{6}$으로 나누어야 한다. 그 결과는 $0.00246... \approx 0.25\%$ 이다.

c. 12장의 카드에서의 삼중 교차SET의 기댓값은 $\left(\binom{12}{6} \times 81 \times \binom{40}{3}\right) / \binom{81}{6} = 2.278$이다.

d. 기댓값은 $\frac{9}{79} = 0.1139...$이다.

3.4. a. 두 번째 카드를 뽑는 경우의 수는 $\binom{4}{1} \times 2^3$이다. 이것은 32가지이므로, 확률은 $\frac{32}{80} = 40\%$이다.

b. 이번에는 두 번째 카드를 뽑는 경우가 $\binom{4}{2} \times 2^2 = 24$가지 있으므로, 확률은 $\frac{24}{80} = 30\%$이다.

c. 두 번째 카드를 뽑는 경우의 수는 $\binom{4}{3} \times 2 = 8$이다. 확률은 10%이다.

4장

4.1. 카드들의 합이 (0, 0, 0, 0)이 되지 않으므로, 게임 마지막에 남은 카드가 될 수 없다.

4.2. 스테파노가 맞다. 5가지의 속성 게임에서는 모든 것이 잘 성립한다. 특별히 두 장의 카드가 유일한 SET을 결정한다.

4.3. a. '1개 초록 속이 빈 다이아몬드'
b. 이 카드가 SET을 이룬다면, 남아있는 세 장의 카드도 SET을 이루어야 하므로 불가능하다.

4.4. '2개 초록 속이 빈 둥근 모양.' 이 카드는 다른 카드들과 서로 다른 2개 SET을 만든다.

4.5. 불가능하다. 서로 다른 두 장의 카드 A와 B를 생각하자. 만일 $A+B+C=(0, 0, 0, 0)$이고 $C=A$이라 가정하면, $2A+B=(0,0,0,0)$을 얻는다. 그런데 $2A=-A \pmod{3}$이므로 $2A+B=(0, 0, 0, 0)$은 $-A+B=(0, 0, 0, 0)$과 같다. 그러므로 $A=B$이고, 이는 모순이다.

4.6. 교차SET의 중심 카드는 유일하다. 그 이유는 다음과 같다. 만일 어떤 카드 X에 대하여 ABX와 CDX가 SET이 되었다면, $A+B+X=C+D+X=(0, 0, 0, 0)$이 성립한다. 그러면 $A+B=2X$, $C+D=2X$이므로, $A+B+C+D=2X+2X=4X=X$가 된다. 이는 교차SET의 중심카드가 네 장의 카드의 합이 된다는 뜻이므로, 유일하게 된다.

4.7. 만일 A+B+C=(0, 0, 0, 0)이면, C=−A−B=2A+2B (mod3)가 성립한다. 다른 두 가지 식도 마찬가지 방법으로 보일 수 있다.

4.8. 모든 경우에 대해, 세 숫자 (a, b, c)는 mod3으로 일치할 때만 가능하다. 다시 말하면, a, b, c 중 하나에서 3을 반복적으로 빼던지, a, b, c에서 모두 1씩을 빼는 과정을 반복하면 항상 (0, 0, 0)에 도달할 수 있어야 한다.
  a. 속성에만 주목해서 마지막 카드 게임을 하면, 다른 가능성은 발생하지 않는다.
  b. (9, 0, 0), (7, 1, 1), (6, 3, 0), (5, 2, 2), (4, 4, 1), (3, 3, 3).
  c. (12, 0, 0), (10, 1, 1), (9, 3, 0), (8, 2, 2), (7, 4, 1), (6, 6, 0), (6, 3, 3), (5, 5, 2), (4, 4, 4).

4.9. **a.** 좌표가 (1, 1, 1, 1), (2, 2, 2, 2)인 카드를 두 장 뽑자. 합은 (0, 0, 0, 0)이 되지만, 예를 들어 둥근 모양을 0에 대응시키면 합이 다르게 된다.
  b. 네 장의 카드 (1, 0, 0, 0), (0, 1, 0, 0), (0, 0, 1, 0), (2, 2, 2, 0)을 뽑자. 이 카드들의 합은 (0, 0, 0, 0)이 되지만, 만일 마지막 좌표 0과 1로 바꾸면 네 장의 카드의 합은 (0, 0, 0, 1)이 된다.

4.10. a. 예를 들면 쌍으로 ('3개 빨강 체크무늬 다이아몬드'와 '4개 초록 체크무늬 둥근 모양') 또는 ('3개 초록 체크무늬 다이아몬드'와 '4개 빨강 체크무늬 둥근 모양')을 생각할 수 있다.
b. SET을 완성하는 카드의 쌍은 모두 $2^3 = 8$개다.
c. $(0, 0, 0, 0)$, $(0, 0, 2, 2)$, $(2, 2, 0, 0)$, $(2, 2, 2, 2)$

5장

5.1. 서로 만나는 두 직선 L_1, L_2를 잡자. P를 두 직선 위에 있지 않은 점이라 하자. 이때 P를 지나는 직선은 L_1과 L_2 모두와 만나던지, 아니면 그들 중 하나와 평행하지만 다른 하나와는 그렇지 않다는 것을 보이라. 이로부터 L_1의 점과 L_2의 점 사이에 일대일대응이 존재함을 보이시오. 만일 L_1과 L_2가 평행했다면, 두 직선 L_1, L_2과 모두 만나는 다른 직선을 하나 찾고, 위의 논증을 다시 하시오.

5.2. 종이와 연필을 가지고 이것을 직접 해보시오.

5.3. a. 오른쪽에 있는 평면은 '1개 빨강 속이 찬 꿈틀이' 카드와 왼쪽 평면에 있는 한 장의 카드와 함께 SET을 이룬다.
b. 우리는 첫 번째 카드를 뽑는 9가지 경우((a)에서 다루었음)가 있다. 그렇다면 나머지 16장의 카드는 어떤 순서라도 상관이 없는데, 각각의 카드는 이미 놓인 카드들과 적어도 하나의 SET을 이루기 때문이다.

5.4. **a.** 우리는 하나의 속성이 다른 SET이 총 108개 있다는 사실을 알고 있다. 평행선 공준에 의해, 주어진 SET S와 평행한 SET들은 모두 27개(S도 포함함) 있다. 108/27 = 4이므로, 이러한 SET은 4개 평행선 모임을 가진다.

b. 이것은 평행선 공준으로부터 유도된다. 주어진 SET과 SET 위에 있지 않은 78개 카드에 평행선 공준을 적용하여라. 이것은 주어진 SET과 평행한 SET이 78/3 = 26개임을 보여준다.

c. (a)에서와 같다. 여기에서는 324개 SET이 있으므로, 324/27 = 12개 평행선 모임이 있다.

d. (a)에서와 같다. 여기에서는 432개 SET이 있으므로, 432/27 = 16개 평행선 모임이 있다.

e. (a)에서와 같다. 여기에서는 216개 SET이 있으므로, 216/27 = 8개 평행선 모임이 있다.

5.5. 카드들이 A, B, C, D, E, F이고, 어떤 카드 X에 대하여 ABX와 CDX가 모두 SET이었다고 하자. Y가 D와 E를 포함하는 SET을 만드는 카드라고 하자. 이번 장에서 보인 바와 같이 $2X + Y = (0, 0, 0, 0)$이므로 $X = Y$가 성립한다.

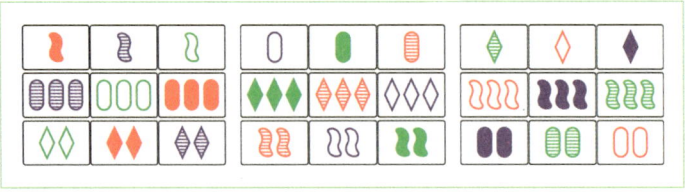

[그림 S.5] 연습문제 5.6의 초평면을 채운 것

5.6. a. [그림 S.5]에 초평면이 있다. '3개 빨강 줄무늬 다이아몬드'는 정가운데에 놓인다.

b. 다섯 장의 카드를 A, B, C, D, E라 하고, E가 마지막 카드 게임이 성립하지 않도록 만든 카드라 하자.

즉, A+B+C+D+E+E=(0, 0, 0, 0)과 A+B+C+D =E가 성립한다. 우리는 다음 절차를 거쳐 마지막 카드 게임이 성립하지 않는 다섯 장으로 이루어진 새로운 모임을 만들 것이다.

- 먼저 네 장 중에서 세 장을 고른다. 우리는 B, C, D를 골랐다.
- A와 E를 SET으로 만드는 카드 F를 고르면, F=2A+2E 가 성립한다.
- 이제 B, C, D, E, F에서는 마지막 카드 게임이 성립하지 않게 된다. 이것을 확인하려면 B+C+D+E+F+F= B+C+D+E+4A+4E=A+B+C+D+E+E=(0, 0, 0, 0)이다.

우리는 이와 같은 작업을 세 번 더 할 수 있다. G=2B+2E 를 B와 E를 SET으로 만드는 카드라 두고, H=2C+2E를 C 와 E를 SET으로 만드는 카드라 두고, I=2D+2E를 D와 E 를 SET으로 만드는 카드라 두자. 그러면 동일한 논증에 의해 마지막 카드 게임이 성립하지 않는 다섯 장의 카드들을 얻을 수 있다. ABCDE, BCDEF, ACDEG, ABDEH, ABCEI.

- 우리의 예에서 A는 '1개 빨강 속이 찬 꿈틀이', B는 '1개 보라 줄무늬 꿈틀이', C는 '1개 보라 속이 빈 둥근 모양',

D는 '3개 보라 줄무늬 둥근 모양,' E는 '3개 빨강 줄무늬 다이아몬드'이었다. 이때 F는 '2개 빨강 속이 빈 둥근 모양', G는 '2개 초록 줄무늬 둥근 모양', H는 '2개 초록 속이 찬 꿈틀이', I는 '3개 초록 줄무늬 꿈틀이'가 된다. 마지막으로, 4개 **SET**인 AEF, BEG, CEH, DEI는 모두 초평면에서 $180°$ 대칭인 모양이 된다.

THE JOY OF SET
Copyright © 2017 by Princeton University Press
All rights reserved.

No part of this book may be reproduced or transmitted in any form or by any means, electronic or mechanical, including photocopying, recording or by any information storage and retrieval system, without permission in writing from the Publisher.

Korean translation copyright © 2024 by Kyung Moon Sa
Korean translation rights arranged with Princeton University Press through EYA Co.,Ltd

이 책의 한국어판 저작권은 EYA Co.,Ltd를 통해 Princeton University Press와 독점계약한 경문사에 있습니다. 저작권법에 의하여 한국 내에서 보호를 받는 저작물이므로 무단전재 및 복제를 금합니다.

보드게임 set에 담긴 수학 1

지은이	Liz McMahon, Gary Gordon, Hannah Gordon, Rebecca Gordon
옮긴이	조진석
펴낸이	조경희
펴낸곳	경문사
펴낸날	2024년 11월 30일 1판 1쇄
등 록	1979년 11월 9일 제1979-000023호
주 소	04057, 서울특별시 마포구 와우산로 174
전 화	(02)332-2004 팩스 (02)336-5193
이메일	kyungmoon@kyungmoon.com

값 19,000원

ISBN 979-11-6073-713-4

★ 경문사의 다양한 도서와 콘텐츠를 만나보세요!

홈페이지	www.kyungmoon.com	페이스북	facebook.com/kyungmoonsa
포스트	post.naver.com/kyungmoonbooks 블로그		blog.naver.com/kyungmoonbooks
북이오	buk.io/@pa9309	인스타그램	instagram.com/kyungmoonsa

도서 중 **정오표** 및 **학습자료**가 있는 경우 홈페이지 내 해당 도서 상세 페이지의 **자료** 탭에 업로드됩니다.